剪映

短视频创作

108 例

创意拍摄╋剪辑╋调色╋特效╋
文字╋动画╋音效全攻略

唯美世界 曹茂鹏 编著

中国水利水电出版社
www.waterpub.com.cn
·北京·

内 容 提 要

《剪映短视频创作108例——创意拍摄+剪辑+调色+特效+文字+动画+音效全攻略》主要分为两部分：第1部分为剪映拍摄（第1～2章），主要讲解如何拍出独具匠心的视频、玩转构图与灯光；第2部分为剪映各模块的技术应用（第3～13章），主要讲解剪辑技巧、快速剪辑、调色、美颜美体、视频特效、抖音玩法、创意文字、素材包、动画、转场、音频等的具体应用。

本书包含大量的学习资源及赠送资源，随书赠送223分钟的视频教学、案例源文件、《手机端剪映＆电脑端剪映功能对照速查（通用版）》电子书和《30秒搞定短视频策划》电子书。

本书是一本专为短视频新手、短视频爱好者以及没有任何经验但是又想拍摄、剪辑制作出热门短视频的读者编写的入门教材。

图书在版编目（CIP）数据

剪映短视频创作108例：创意拍摄＋剪辑＋调色＋
特效＋文字＋动画＋音效全攻略 / 唯美世界，曹茂鹏
编著 . —北京：中国水利水电出版社，2024.11.
ISBN 978-7-5226-2734-2

Ⅰ . J41；TN929.53；TN94

中国国家版本馆 CIP 数据核字第 202447BC20 号

书　　名	剪映短视频创作 108 例——创意拍摄＋剪辑＋调色＋特效＋文字＋动画＋音效全攻略
	JIANYING DUANSHIPIN CHUANGZUO 108 LI — CHUANGYI PAISHE + JIANJI + TIAOSE + TEXIAO + WENZI + DONGHUA + YINXIAO QUAN GONGLÜE
作　　者	唯美世界　曹茂鹏　编著
出版发行	中国水利水电出版社
	（北京市海淀区玉渊潭南路 1 号 D 座 100038）
	网址：www.waterpub.com.cn
	E-mail：zhiboshangshu@163.com
	电话：（010）62572966-2205/2266/2201（营销中心）
经　　售	北京科水图书销售有限公司
	电话：（010）68545874、63202643
	全国各地新华书店和相关出版物销售网点
排　　版	北京智博尚书文化传媒有限公司
印　　刷	三河市龙大印刷有限公司
规　　格	170mm×240mm　16 开本　14.5 印张　282 千字
版　　次	2024 年 11 月第 1 版　2024 年 11 月第 1 次印刷
印　　数	0001—3000 册
定　　价	79.80 元

前　言

在当下"信息爆炸"的时代，短视频无疑已经成为一种重要的传播方式，已经成为"流量的放大器"，它能够将信息传播得更快、更远，让更多的人看到和听到。短视频已经成为各行各业的"新大陆"，几乎所有的行业都可以通过短视频进行宣传。随着互联网技术和网络带宽的不断发展，我们正处于一个全新的时代——短视频和直播时代。在这个时代，人们可以通过短视频和直播，以最快的速度、最直接的方式传递信息，达到吸引用户、扩大影响力的目的。

如今，各大平台如抖音、快手、微信视频号、小红书、淘宝、微博、知乎、哔哩哔哩等都提供了海量的短视频和直播内容，这些内容涵盖了美食、游戏、萌宠、旅行、教育、生活等各类细分赛道。这些五花八门的短视频作品让人大开眼界，也让每一个人都可以成为"自媒体"，拥有自己的声音和影响力。

拿起手机、相机就可以拍摄短视频，拍完后可以使用手机或电脑进行编辑，从而制作出好玩、炫酷的作品。本书以剪映 App（剪映手机版）为基础进行编写，但本书的内容也同样适用于剪映电脑版的用户对照操作。

本书特色

- **实例精彩**。本书精选 108 个经典、精彩、流行的实例。
- **更快掌握内容**。本书以实例的方式讲解剪映常用的功能，可以使读者更快掌握相关知识。
- **分类齐全**。本书中的实例类型包括拍摄、构图、灯光、剪辑、片头、风景、卡点、调色、美颜、特效、文字、科技、美食、Vlog、美妆、健身、动画、广告、宠物、转场、音效等。
- **附赠实用资料**。除了本书配套的实例教学视频外，还赠送：①《手机端剪映＆电脑端剪映功能对照速查（通用版）》电子书，方便使用手机和电脑同步学习；②《30 秒搞定短视频策划》电子书。

资源获取

为了帮助读者更好地学习与实践，本书附赠了丰富的学习资源。读者使用手机微信扫描下面的公众号二维码，关注后输入 JY2734 至公众号后台，即可获取本书相应资源的下载链接。将该链接复制到计算机浏览器的地址栏中（一定要复制到计算机浏览器的地址栏中），根据提示进行下载。读者可加入 QQ 群 942174308，与老师和广大读者在线交流学习。

设计指北公众号

注意：由于剪映 App 的功能时常更新，本书与读者实际使用的界面、按钮、功能、名称、素材等可能会存在不一致的情况，但基本不影响使用。若出现不一致的情况，可以使用类似的功能或素材作为替代；若出现素材更改位置的情况，则可以仔细查找其他位置或在搜索栏位置输入关键词进行查找。同时，创作者也要时刻关注平台动向以及政策要求，创作符合平台规范的作品。

本书由唯美世界组织编写，其中，曹茂鹏、瞿颖健负责主要编写工作，参与本书编写和资料整理的还有杨力、瞿学严、杨宗香、曹元钢、张玉华、孙晓军等人。在此一并表示感谢。

编者

目　录

第 1 部分　剪映拍摄

第2部分　剪映各模块的技术应用

第 1 部分
剪映拍摄

第1章
拍出独具匠心的视频

创作一段独具匠心的视频，关键在于发掘内心深处的创意火花，并巧妙融合各类拍摄技巧和剪辑手法，使每一帧画面都跃动着个性与情感的旋律。这要求我们在深刻理解自我与观众需求的基础上，方能以独特视角和手法，细腻编织出属于自己的故事篇章。本章将深入探讨并学习几种常用的拍摄技巧。

■ 知识要点：

拍摄技巧

景别使用

镜头使用

道具使用

实例 1：慢动作，更能抒发感情

　　影视作品中经常出现的镜头，如子弹缓缓飞过、水滴缓缓坠落、人物缓缓倒下等，实际上在现实中发生时都是在极短时间内完成的，而且其中的过程几乎无法察觉。但其实这样的"慢动作"效果通常通过高帧率拍摄和后期视频编辑软件中的播放速度调整实现，也就是通常所说的"高帧慢放"或"慢动作升格"效果。

　　通常在拍摄短视频时，帧率会设置为 60fps，也就是每秒拍摄 60 个连续的画面。而想要拍摄出流畅的慢动作效果，则可以将拍摄的帧率设置为 120fps 或 240fps。然后可以在剪映中使用"变速"功能减小视频变速的倍数，使视频播放速度变慢，从而得到慢动作。例如，拍摄的视频帧率为 120fps，设置变速的倍数为 0.5x，这样经过变速的视频帧率仍然为每秒 60 帧的播放速度。

　　"高帧慢放"效果仅适用于表现动作连贯性的镜头中，而且要适度使用。因为这种拍摄方式需要在短时间内拍摄更多的画面，所以对设备及光线的要求相对高一些。如果光线较差，则可能无法保证画面质量。

实例 2：故事中的留白——空镜头

　　就像一幅画中要有留白一样，短视频也要给观众保留一些可"呼吸"的空间。空镜头是指画面中没有出现人的镜头，与常规的镜头互相补充出现。空镜头主要用于交代时间、地点，还可以起到推进情节、抒发情绪、渲染氛围、表达观点的作用。空镜头既可以拍景，又可以拍物。拍景通常使用全景或远景，拍物则多采用近景或特写。

实例 3：使用不同的拍摄景别，让视频更生动

扫一扫，看视频

　　"景别"是摄影及摄像过程中会经常提到的关键词，其主要是指人物在画面中所呈现出的范围大小的区别。景别通常可以分为远景、全景、中景、近景、特写 5 类。画面中的主体物或人物距离镜头越近，画面中的元素就会越少，观众与画面的情感交流也就越强，越容易打动观众；相反，画面中的人物越小，会给人以距离感，而远距离的人和人之间的情感影响就会相对少一些。

1. 远景

　　远景分为大远景和远景两大类，通常作为短视频的起始镜头和结束镜头，也可以作为过渡镜头。

　　大远景通常用于拍摄广阔的自然风光，如星空、大海、草原、森林、沙漠、群山等。

　　而远景则是稍近一些的场景，可以看到人物形态，如人流涌动的街道、田园牧场等开阔的场景。

2. 全景

　　全景包含完整人物或主体物以及所处环境。由于全景画面具有明确的内容中心，所以常用于交代情节发生的环境以及渲染和烘托某种氛围。

3. 中景

　　中景为场景中的局部内容或人物膝盖以上的画面。中景镜头中场景的展现不占太大的比重，主要用于展现故事情节与人物动作。

4. 近景

近景是指包含人物胸部以上或主体物部分区域的画面。近景镜头的空间范围比较小，主要用于表现人物的神态、情绪、性格。随着拍摄距离的拉近，观众与画面中的角色之间的心理距离也会缩小，更容易将观众代入剧情。

5. 特写

特写镜头是指展现人物身体的局部或主体物的某个细节。例如，展现人物面部的细节、部分肢体、产品细节的质地等。可强烈地展现某种情感，清晰地展现产品的材质。

实例 4：运动镜头有哪些

扫一扫，看视频

想要完整地讲述一个故事，不同的镜头不仅要在拍摄内容上有所区别，也要在镜头的"动"与"定"上作出合适的选择。无论画面中的内容是否移动，摄像机固定在某处，拍摄出的画面就是固定镜头；在拍摄过程中，摄像机发生移动，拍摄出的镜头就是运动镜头。

运动镜头是通过拍摄设备不同的运动方式，使画面呈现出不同的动态感。与固定镜头相比，运动镜头更有张力。即使拍摄的内容静止，也能够通过镜头的运动使画面更具冲击力。常见的运动镜头有推镜、拉镜、摇镜、移镜、跟镜、甩镜、升镜和降镜。

1. 推镜

　　推镜是指向前推进拍摄设备或者通过变焦的方式放大局部画面。推镜可以通过排除部分画面信息，从而更好地强化核心内容的展示效果。例如，从较大的场景逐渐推近，使观众的视线聚集在人物处。

2. 拉镜

　　拉镜与推镜正好相反，是指摄像机从画面某处细节逐渐向远处移动，或者通过变焦的方式扩大画面展示范围。拉镜通常用于环境的交代以及开阔场景的展示，也可以起到情绪渲染与主题升华的作用。例如，从海上航行的船向远处拉镜头，直至画面中出现不同颜色的海域。随着逐渐变得渺小的船，自然力量的宏大之感逐渐呈现。

 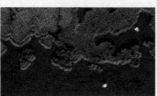 

3. 摇镜

　　摇镜涉及拍摄时设备位置的变动，具体表现为以某一固定点为轴心，进行上下或左右的平滑摇摆运动来捕捉画面。这种拍摄手法尤为受初学者青睐，因为它特别适用于展现那些宽阔、广阔、深远或具有层次感的场景，能够有效地丰富视觉体验。例如，在拍摄原野时，静态的镜头很可能无法展现场景的开阔，就可以采用横向摇镜头的方式拍摄。摇镜也可以用于拍摄运动的人或物，如奔跑的动物、嬉闹的孩童等。同样也适用于表现两个人或物之间的关联。

4. 移镜

移镜是指将摄像机在水平方向上按照一定的运动轨迹移动拍摄。可以手持拍摄设备，也可以将拍摄设备放置在移动的运载工具上。移镜不仅可以使更多场景入画，而且可以营造出带有流动感的视觉效果，使观众产生更强的代入感。

5. 跟镜

跟镜是指拍摄设备跟随被拍摄对象并保持相应的运动轨迹进行拍摄。跟镜中的主体物相对稳定，而背景环境一直处于变化状态。跟镜有跟摇、跟移、跟推 3 种方式。跟镜的方式可以产生流畅连贯的视觉效果。例如，跟随主体人物去往某处，常用于旅行类短视频和探店类短视频。

6. 甩镜

甩镜是指在镜头中前一画面结束后不停止拍摄，而是快速地将镜头甩到另一个方向，使画面中的内容快速转变为另一内容。这种镜头运动方式与自然风景突然发生转变时产生的视觉感受非常接近，常用于表现空间的转换，或是同一时间内另一空间的情景。

7. 升镜

升镜是指拍摄设备从平摄缓慢升高，如果配合拉镜形成俯拍视角，可以显示广阔的空间，以达到情绪升华的效果，常用于剧情的结尾处。

8. 降镜

降镜与升镜相反，是指拍摄设备下降拍摄。可从大场景向下降镜拍摄，实现从场景到事件或人物的转换，常用于剧情的起始处。

实例5：双人镜头怎么拍

在以两人对话为主的短视频中，镜头如果一直保持不变，难免会使人感觉枯燥。

为了缓解镜头单一的问题，可以适当地切换拍摄角度，同时也能更好地突出画面重点。下面将列举一些常见的两人对话镜头的拍摄方式。

两人交谈时，拍摄设备位于两人连线中点的一侧向前拍摄，可拍摄到两人同时出现的画面，同时能够展示环境。

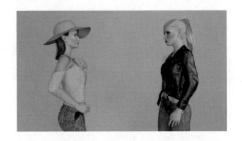

一侧人物说话时，从另一侧人物斜后方拍摄过肩镜头，也就是外反拍角度。画面中包含重点表现的人物的正面与另一人物的背影。既交代了两人的相对位置，又能够看清楚人物的面部表情。

拍摄设备位于两人连线中点的一侧，并转向一侧人物拍摄，也就是内反拍角度。画面中只有一个人，视觉效果更加突出。

拍摄设备位于两人连线中点，转向一侧人物拍摄，人物面向镜头，形成主观视角。这种角度适合表现人物的情绪及内心世界，非常具有感染力。

实例 6：遮挡镜头边角，拍出唯美大片

当用植物、彩色纸或手指遮住镜头的边角时，会在画面局部呈现出部分虚化的影像。这部分影像的颜色取决于遮挡物的颜色，如植物呈现出绿色虚影，而手指遮挡则呈现出橙色或肉色虚影。遮挡物的遮挡位置及其与镜头的远近都会产生不同的虚化效果，可以多次尝试以找到最佳效果。

扫一扫，看视频

虚影的出现会使画面部分呈现出朦胧感，这种朦胧感一方面会起到简化画面的作用，另一方面更容易使画面产生梦幻的唯美感。因此，这也是拍摄美女、美食的常用妙招。

实例 7：巧用画框，拍出画中画

扫一扫，看视频

夕阳常见，海滩常见，而夕阳下的海滩景象更是常见。这时可以尝试将夕阳镜头定格在画框中，以拍出画中画的效果。用硬纸壳做两个画框，将画框插入沙滩，等待太阳慢慢落山，出现夕阳时，趴在沙滩上对准相框的中心位置拍摄，如果此时画框中正好出现游客，可立即按下拍摄键！

当然也可以将手机固定好位置，设置定时自拍，走到画框中间位置，摆好姿势，拍出一张有趣的画中画。

没有添加画框的画面　　　　　自制黑卡纸画框　　　　　利用画框拍摄夕阳

实例 8：没有水面，也能拍出倒影效果

想要拍出倒影必须要有水吗？当然不是！要实现以下右图的神奇效果，使用两个手机就足够了：一个手机用于拍照、一个手机作为"反光面"。按照以下左图的方法，

将作为"反光面"的手机放在手掌上，让黑色屏幕朝向天空，刚好可以反射出漂亮的景色；然后移动手的位置，找到一个更水平的视角，并升高或降低手掌以确定倒影开始的水平线位置，最后使用另一个手机进行拍摄，便可以轻松得到神奇的倒影效果。拍摄这种倒影效果之前，要将手机屏幕擦干净，不然反射出的画面容易出现指纹。

第 2 章

玩转构图与灯光

在拍摄中，构图与灯光犹如双翼，缺一不可。巧妙的构图能够赋予画面丰富的层次与独特的艺术性，而恰到好处的灯光则能细腻地营造出贴合情境的氛围与情感深度。掌握构图与灯光的原理和技巧，并在实践中灵活运用，是提升视频品质与观赏体验的关键。本章将深入探讨并学习一系列常用的构图与灯光技巧。

■ 知识要点

常用的构图技巧

常用的灯光技巧

2.1 构图

构图是艺术创作中至关重要的元素，它决定了画面的布局和氛围。通过合理的构图，作品可以引导观众的视线、表达主题并创造出独特的视觉效果。

实例 9：分割构图

分割构图是将画面一分为二，常用于风景的拍摄中，也就是通常所说的"一半天、一半景"。

扫一扫，看视频

（1）采用分割构图的方式拍摄的画面相对简洁、直接，主题传达较为明确。

（2）分割构图与三分法构图相比，画面层次较少。

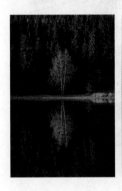

实例 10：三分法构图

三分法构图又称"井字构图""九宫格构图"，是指将画面横竖各分成 3 部分，形成共 9 个方格的构图方法。将需要重点表现的部分放置于交会点上，这 4 个点就是画面的"兴趣点"。

扫一扫，看视频

三分法构图可以说是新手进阶最实用的构图妙招，可以尝试将主体物摆放在某一"兴趣点"处，让画面不再呆板。

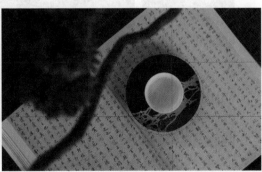

实例11：倾斜构图

扫一扫，看视频

倾斜构图是指画面中有明显的"斜线"将画面一分为二。构成斜线的内容可以是物体、人物、地平面，甚至是光影、色块。

（1）水平的画面常给人以稳定感，而倾斜构图恰恰相反，它可以创造出活力、节奏、韵律、动感等积极的氛围。

（2）倾斜构图也适合出现在展现危机、动荡、不安等负面情绪的画面中。所以，无论是在动态的视频中，还是在静态的摄影中，倾斜构图都是一种常用于"讲故事""抒发情绪"的构图方式。

（3）拍摄时，可以充分运用光影、色彩、场景元素摆放等各种方式设置倾斜构图。

实例12：框架式构图

扫一扫，看视频

框架式构图通过景物组成框架，将观众的视线引向框架内，该构图方式能够使画面中的景物层次更加丰富、空间感更强。

（1）框架可以是任何形状，如方形、圆形、不规则图形等。

（2）任何景物都可以组成框架，如树枝、窗、门、墙、手等，甚至光影都可以作为框架。

实例 13：聚焦构图

聚焦构图是指四周景物形成的线条向同一聚集点聚集的构图方式。

（1）聚焦构图方式能够引起强烈的视觉聚焦效果，所以可以在聚焦点处设置特定元素以表达主题。

（2）聚焦构图方式适合表现透视感强的空间。

扫一扫，看视频

实例 14：三角形构图

三角形构图是指画面中存在一个或多个视觉元素，它们组成了一个三角形形状，可以是单个视觉元素。本身呈现为三角形，或多个视觉元素通过三点连线形成的三角形。三角形构图包括"正三角"构图和"倒三角"构图。

扫一扫，看视频

（1）"正三角"构图更稳定、更安静，常用于拍摄建筑、人物等。

（2）"倒三角"构图不稳定、更富有动感，常用于拍摄运动类短视频，如滑雪、滑板、舞蹈等。

实例 15：换个透视感强的角度

一面有趣的墙、一排整齐的栏杆，正面拍摄很可能得到的就是平淡无奇的画面；如果稍微更换角度，增强场景透视感往往就可以得到更具视觉冲击力的画面。

扫一扫，看视频

模特倚靠在栏杆附近，尝试从一侧拍摄，借助栏杆"近大远小"的强烈透视感，可以增强画面空间感。

下面再尝试一下 3/4 侧面＋仰视拍摄，这样可以增强空间的透视感，人物也会显得更高一些。

同样是靠在栏杆上，从栏杆的另外一侧稍微贴近栏杆，向上仰拍，主体人物就会位于画面偏中心的位置，重心就会非常突出。

当拍摄一辆需要突出速度感的汽车时，水平拍摄可能显得平淡无奇；而从斜侧角度拍摄，既可以增强画面的空间感，又可以重点表现特定区域，同时还可以使画面更具飞速向前的速度感。

2.2　灯光

在短视频制作中，灯光是至关重要的一部分，能够突显主题、营造氛围，并且还会影响观众的视觉体验。在布置灯光时，需要调整灯光的位置和强度，以获得最佳的画面效果。

实例 16：三点布光，拍出高清视频

在进行室内空间的视频拍摄时，自然光虽有其独到之处，能增添一抹真实与温暖，

但其不稳定性却是个不小的挑战。对于追求系列短视频光照效果一致性的拍摄任务而言，自然光往往难以胜任，因为它随时间与天气条件波动。一旦遇到拍摄时段不佳或天气阴霾，合适的自然光便难以寻觅，进而可能打乱整个拍摄计划。因此，在室内拍摄环境下，更多地倾向于依赖人造光源，以确保光照条件的可控性和稳定性。

扫一扫，看视频

　　人造光源因其高度的可控性，成为室内拍摄时的优选。它能根据拍摄场景的具体需求，灵活配置从简单到复杂多样的光照系统。特别推荐一种简便高效的布光方法——三点布光法。该方法尤其适用于家庭环境或小型室内空间内，如单人或双人进行的知识分享、产品测评、情感交流类视频录制或直播活动。通过精心布局的3个光源点，能够轻松营造出专业且富有层次的照明效果。

1. 主光

　　在人物一侧45°斜上方布置主光源。具体位于人物的哪一侧，取决于更想展示哪一侧的脸。为了避免其他光线的干扰，可关闭房间照明灯并拉上窗帘。

2. 辅助光

　　有了主光后，人物一侧被照亮，但是另一侧则会偏暗，脸部可能会出现明显的阴影。所以需要在主光对面的位置添加辅助光，以照亮暗面。如果另一侧偏暗严重，可以使用第2盏摄影灯，亮度可适当低于主光。

在光线偏暗但问题尚不严重的情境下，巧妙地运用反光板可有效缓解这一问题。反光板能将主灯的光线反射至暗部区域，实现补光效果，使画面更加均衡明亮。此工具不仅经济实惠且操作便捷，不仅局限于室内拍摄，室外拍摄时同样不可或缺。反光板规格多样，依据拍摄需求选择，如需捕捉人物全身画面，建议选用大尺寸反光板；而家中现有的白色板面物品，在紧急情况下也能作为反光板的临时替代品，灵活应对拍摄需求。

3. 轮廓光

此时的人物已经被照亮了，如果人物与背景之间还存在一定的模糊不清的情况，就需要用到第3盏灯。在人物的斜后方添加一盏射向人物背面的灯，这盏灯可以使人物边缘变亮，从而有效地将人物从背景中分离出来。

实例17：室内绿幕抠像布光

扫一扫，看视频

常规的室内环境可能无法满足视频内容的要求，而如果使用抠像技术去除原有背景并更换新背景，则可以实现非常丰富的画面效果。绿幕拍摄不仅适用于在短视频中更换背景，同样适用于在直播带货中更换背景。

　　尽管剪映等视频编辑工具已经能够实现非绿幕背景下的智能抠像功能，但为了达到更加自然且逼真的抠像效果，采用绿幕拍摄技术无疑是最佳方案。实施起来相当直接：首先，确保准备一块平整的绿色背景纸或绿色布料，铺设时务必消除任何褶皱。接着，保持人物与绿色背景之间大约 2m 的间距，这有助于减少背景色对人物肤色或服装颜色的意外渗透。此外，建议人物避免穿着或佩戴绿色极其相近颜色的衣物与饰品，以防在抠像过程中产生不必要的干扰。通过这些简单步骤，即可为高质量的抠像效果奠定坚实基础。

　　为了营造最佳的拍摄环境，需先关闭室内的其他光源，随后准备两盏亮度充足且装备了柔光罩的灯具。其中一盏灯被用于照亮背景布，确保光线柔和均匀，特别要留意避免背景布上出现过于强烈的明暗对比；另一盏灯则从与人物相对的另一侧，大约距离人物 1m 的位置，以 45° 的倾斜角度照射人物，以此实现更加立体且柔和的人物照明效果。

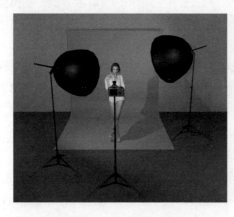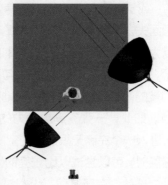

实例 18：恶劣天气，也能拍出好照片

　　通常来说，阳光明媚的晴天拍摄风景，往往能得到明丽鲜艳的自然风景照片。但是，常规的美丽风景照片看多了，难免会产生千篇一律的乏味感。人们的审美偏好趋向于寻找一些不一样的画面，因此很多摄影师都会选择

扫一扫，看视频

在不同的天气情况下拍摄风景照片。有时甚至在恶劣天气下也能拍摄出出色的照片。由于许多罕见的天气条件，如大雾、雾霾、大雪或大雨等并不经常出现，而常见的景色在不常见的天气条件下往往会呈现出与众不同的效果，但是拍摄时一定要注意安全。

例如，清晨爬到山顶时，雾气很大，在这样的环境下进行拍摄可以使画面中的山峰给人一种连绵不断隐入云海的感觉。

在有迷雾的天气里拍摄森林和湖面，会为画面增添一种朦胧感。小船的出现更增加了神秘色彩，仿佛是通向仙境的入口。

实例 19：巧妙运用微弱的灯泡光

扫一扫，看视频

踏入一个空间，首先以敏锐的目光探索，随后举起相机，搜寻那些能触动你心灵的"趣味元素"。以左下图所示的咖啡店为例，初览全景时或觉纷繁复杂，难以聚焦。但通过细致观察后拍摄，意识到大范围取景只会让画面失去焦点，显得杂乱无章，没有重点。

所以为了营造一张富有想象力的照片，可以尝试拍摄人物的半身像，引导模特靠近光源，轻轻闭上眼睛，让灯光勾勒出脸庞与双手的轮廓。鉴于灯泡的照明范围有限，周遭的杂乱环境便自然而然地隐匿于黑暗之中，仅留下被光拥抱的部分作为视觉焦点。如此，一张充满想象力的"遨游在灯泡的海洋中"的照片便悄然诞生，引领观者进入一个充满无限遐想的空间。

在拍摄时，可以尝试以比较亮的区域作为测光点，使画面大部分区域形成暗部，这样杂乱之感就会有所减弱。当然也可以通过修图软件将环境进行适当的压暗处理。

实例 20：用光制造色彩冲突

在偏暗的室内环境中，巧妙地运用彩色光源是营造独特氛围的绝佳方式。通过巧妙布局，可以创造出两种色彩对比鲜明的灯光效果，以此增添空间的戏剧性和叙事感。例如，蓝色与绿色灯光的结合，能够营造出一种和谐而深邃的氛围；而红色与蓝色灯光的碰撞，则能带来更为强烈的视觉反差，增强画面的冲击力，让每一帧都充满故事与张力。

扫一扫，看视频

使用可调色的 Led 补光灯，可以得到不同颜色的光线。如果没有专业的摄影灯，则尝试找到带有颜色的玻璃杯、饮料瓶或塑料袋，使灯光透过有色透明塑料物体向外照射，也会得到不同颜色的光线。但要注意，塑料制品切勿直接放置在发热的光源上，以防意外发生！

第 2 部分
剪映各模块的技术应用

第 3 章

轻松学会高分剪辑技巧

在短视频制作中，剪辑是关键环节之一，它决定了视频的流畅度和观众的观看体验。通过合理的剪辑，可以将拍摄的片段进行筛选、拼接和重组，以讲述一个完整的故事或传达特定的信息。剪辑师需要具备敏锐的洞察力和技术能力，要能够巧妙地运用剪辑技巧增强视频的表现力。同时，需要注意剪辑的风格和节奏，以确保与视频的主题和氛围相匹配。

■ 知识要点

使用剪映剪辑的方法

使用剪映剪辑不同风格的视频

实例 21：曝光片头

本实例首先使用"混合模式"工具制作画面曝光的人物风景效果；然后使用"贴纸"工具丰富画面并创建文字效果；最后添加音频文件为视频添加音乐。

扫一扫，看视频

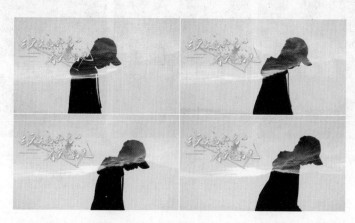

步骤 01 将 01.mp4 素材文件导入剪映，在"工具栏"面板中点击"画中画"按钮。

步骤 02 将时间线滑动至起始位置，在弹出的面板中点击"新增画中画"按钮。

步骤 03 在弹出的面板中执行"照片视频"→"视频"命令，选择 02.mp4 素材文件，然后点击"添加"按钮。

 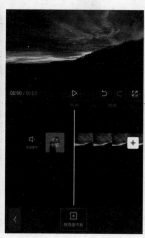 

步骤 04 在"播放"面板中设置合适的大小，在"工具栏"面板中点击"混合模式"按钮。

步骤 05 在弹出的"混合模式"面板中点击"滤色"按钮。

步骤 06 将时间线滑动至 01.mp4 视频的结束位置，选择 02.mp4 素材文件，在"工具栏"面板中点击"分割"按钮。

 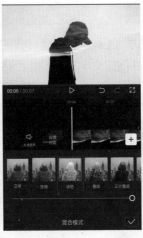 

步骤 07 选择时间线后方的视频文件，在"工具栏"面板中点击"删除"按钮。

步骤 08 点击"时间轴"面板中的空白位置，将时间线滑动至起始位置，在"工具栏"面板中点击"贴纸"按钮。

步骤 09 在弹出的面板中搜索"去更远的地方"，选择合适的贴纸。

步骤 10 在"播放"面板中设置合适的位置与大小，并设置"时间轴"面板中贴纸的结束时间与视频的结束时间相同。

步骤 11 将时间线滑动至起始位置，在"工具栏"面板中执行"音频"→"音乐"命令。

步骤 12 在弹出的"添加音乐"面板中点击"抖音"按钮，选择合适的音频文件，接着点击"使用"按钮。设置音频的结束时间与视频的结束时间相同。至此，本实例制作完成。

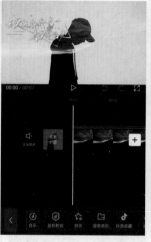

实例22：九宫格片头

本实例首先使用"混合模式"工具制作九宫格流动并逐渐显现的视频效果；然后使用"文字模板"工具创建文字效果；最后添加音频文件为视频添加音乐。

扫一扫，看视频

步骤 01 将01.mp4素材文件导入剪映。

步骤 02 在"时间轴"面板中点击"比例"按钮。

步骤 03 在弹出的面板中选择1：1的视频比例效果，接着在"播放"面板将素材设置到合适的大小。

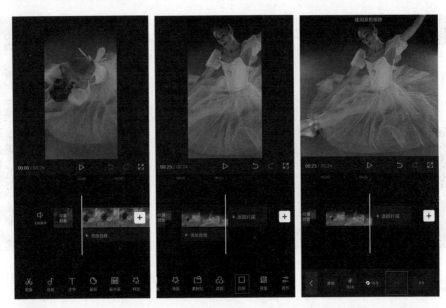

步骤 04 点击选择视频文件，设置视频文件的结束时间为 14 秒 24 帧。

步骤 05 将时间线滑动至起始位置，点击"时间轴"面板中的空白位置，在"工具栏"面板中点击"画中画"按钮。

步骤 06 点击"新增画中画"按钮。

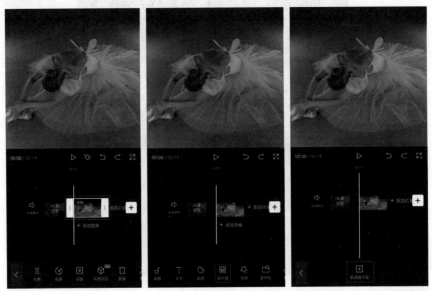

步骤 07 在弹出的面板中点击"照片视频"→"视频"命令，选择合适的视频文件。在"工具栏"面板中点击"添加"按钮。

步骤 08 在"播放"面板中设置合适的视频大小，接着在"工具栏"面板中点击"混合模式"按钮。

步骤 09 在弹出的"混合模式"面板中选择"正片叠底"按钮。

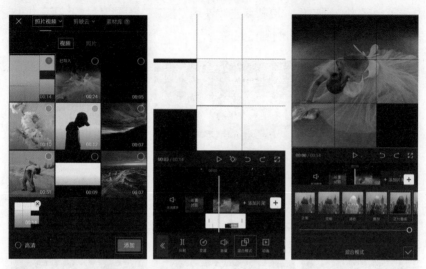

步骤 10 设置"画中画"轨道上的视频文件的结束时间为 12 秒 13 帧,接着在"工具栏"面板中点击"动画"按钮。

步骤 11 在弹出的"动画"面板中点击"出场动画"按钮,选择"渐隐"动画。

步骤 12 将时间线滑动至 11 秒 24 帧位置处,在"工具栏"面板中执行"文字"→"文字模板"命令。

步骤 13 在弹出的"文字模板"面板中点击"简约"按钮,选择合适的文字模板。

步骤 14 将时间线滑动至起始位置,在"工具栏"面板中执行"音频"→"音乐"命令。

步骤 15 在弹出的"添加音乐"面板中点击"抖音"按钮，在弹出的"抖音"面板中选择合适的音频文件，接着点击"使用"按钮。设置音频的结束时间与视频的结束时间相同。至此，本实例制作完成。

实例 23：利用蒙版营造回忆效果

扫一扫，看视频

本实例首先使用"蒙版"工具调整人物大小与画面效果；然后使用"关键帧"与"不透明度"制作出回忆效果；最后添加合适的音频文件制作音频效果。

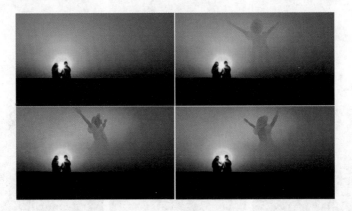

步骤 01 将 02.mp4 素材文件导入剪映。选择 02.mp4 素材文件并设置结束时间为 2 秒。

步骤 02 将时间线滑动至起始位置，在"工具栏"面板中点击"画中画"按钮，接着在"工具栏"面板中点击"新增画中画"按钮。

步骤 03 在弹出的面板中执行"照片视频"→"视频"命令，选择 01.mp4 素材文件，点击"添加"按钮。

步骤 04 选择 01.mp4 素材文件，设置 01.mp4 素材文件的结束时间与 02.mp4 素材文件的结束时间相同。在"播放"面板中将 01.mp4 素材文件设置到合适的大小。在"工具栏"面板中点击"蒙版"按钮。

步骤 05 在弹出的"蒙版"面板中选择"圆形"蒙版，并设置合适的羽化值。

步骤 06 在"工具栏"面板中点击"不透明度"按钮。

步骤 07 在弹出的"不透明度"面板中设置"不透明度"为 40。

步骤 08 选择 01.mp4 素材文件，将时间线滑动至 1 秒位置处，接着点击◇（添加关键帧）按钮。

步骤 09 将时间线滑动至起始位置，接着点击◇（添加关键帧）按钮。在"工具栏"面板中点击"不透明度"按钮。

步骤 10 在弹出的"不透明度"面板中设置"不透明度"为0。

步骤 11 将时间线滑动至起始位置,在"工具栏"面板中执行"音频"→"音乐"命令。

步骤 12 在弹出的"添加音乐"面板中搜索"热恋情节",在搜索面板中选择合适的音频文件,接着点击"使用"按钮。设置音频的结束时间与视频的结束时间相同。至此,本实例制作完成。

实例24：拍摄风景（拍照效果部分）

扫一扫，看视频

本实例首先设置合适的视频持续时间；然后使用"特效"工具制作画面拍照效果。

步骤 01 将 02.mp4 素材文件导入剪映，点击选择视频文件并设置持续时间为 3 秒。

步骤 02 将时间线滑动至 3 秒位置处，接着点击 ⊞（添加）按钮。

步骤 03 在弹出的面板中执行"照片视频"→"视频"命令，选择 03.mp4 素材文件，点击"添加"按钮。

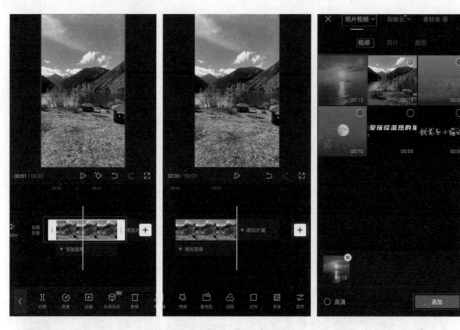

步骤 04 选择 03.mp4 素材文件并设置持续时间为 3 秒。

步骤 05 将时间线滑动至 6 秒位置处，接着点击 ⊞（添加）按钮。

步骤 06 在弹出的面板中执行"照片视频"→"视频"命令，选择 04.mp4 素材文件，点击"添加"按钮。

步骤 07 选择 03.mp4 素材文件并设置持续时间为 3 秒。

步骤 08 使用同样的方法继续添加剩余素材文件并设置其持续时间均为 3 秒，接着点击"关闭原声"按钮。

步骤 09 将时间线滑动至起始位置，在"工具栏"面板中点击"特效"按钮。

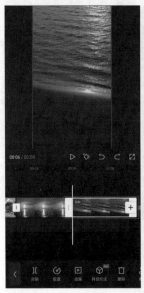

步骤 10 在弹出的面板中点击"画面特效"按钮。

步骤 11 在弹出的"特效"面板中选择"基础"→"变清晰"特效。

步骤 12 选择刚刚添加的特效，在"工具栏"面板中点击"复制"按钮。

步骤 13 选择刚刚复制的特效，在"工具栏"面板中再次点击"复制"按钮。

步骤 14 选择刚刚复制的特效，在"工具栏"面板中再次点击"复制"按钮。

步骤 15 使用同样的方法为所有的视频添加特效。至此，本实例制作完成。

实例 25：拍摄风景（文字与音效部分）

本实例首先使用"贴纸"工具制作文字动画与文字效果；然后使用合适的音频文件丰富视频画面。

步骤 01 将时间线滑动至 22 帧位置处，在"工具栏"面板中点击"贴纸"按钮。

步骤 02 在"搜索栏"面板中搜索"美好时刻"，选择合适的贴纸。

步骤 03 设置贴纸的持续时间与视频的结束时间相同，并将其放置在"播放"面板中的合适位置。

步骤 04 将时间线滑动至 22 帧位置处，在"工具栏"面板中执行"音频"→"音效"命令。

步骤 05 在弹出的面板中搜索"拍照声"，选择合适的拍照音效，接着点击"使用"按钮。

步骤 06 选择音效，在"工具栏"面板中点击"复制"按钮。

步骤 07 将刚刚复制的音效移动至 3 秒 23 帧位置处，在"工具栏"面板中点击"复制"按钮。

步骤 08 使用同样的方法复制音效，并设置音效到每段视频特效拍摄的位置处。

步骤 09 将时间线滑动至起始位置，在"工具栏"面板中执行"音频"→"音乐"命令。

步骤 10 在弹出的"添加音乐"面板中点击"旅行"按钮，在弹出的"旅行"面板中选择合适的音频文件，接着点击"使用"按钮。

步骤 11 设置音频的结束时间与视频的结束时间相同。在"工具栏"面板中点击"音量"按钮。

步骤 12 在弹出的"音量"面板中设置"音量"为55。至此,本实例制作完成。

实例26:制作卡点跳舞效果(曲线变速部分)

扫一扫,看视频

　　本实例首先在视频中添加音乐,并使用"踩点"工具辅助卡点;然后使用"变速"工具,通过"曲线变速"制作人物跳舞时的卡点变速效果。

步骤 01 将01.mp4素材文件导入剪映,接着在"工具栏"面板中执行"音频"→"音乐"命令。

步骤 02 在弹出的"添加音乐"面板中搜索NATASHA,接着点击"使用"按钮。

步骤 03 选择音频文件，在"工具栏"面板中点击"踩点"按钮。

步骤 04 在弹出的"踩点"面板中开启"自动踩点"，点击"踩节拍 I"按钮。

步骤 05 选择视频文件，在"工具栏"面板中点击"变速"按钮。

步骤 06 在弹出的面板中点击"曲线变速"按钮。

步骤 07 在弹出的"曲线变速"面板中点击"自定"按钮。

步骤 08 在"自定"面板中播放音乐聆听节奏，根据音乐节奏将时间线滑动至合适的位置，点击"添加点"按钮。

步骤 09 选择刚刚添加的速率点，然后向下拖曳到合适的位置。

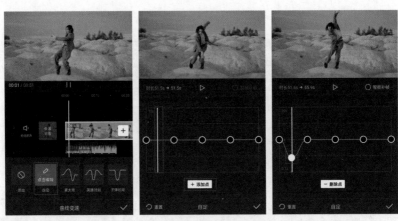

步骤 10 选择第 3 个速率点，将该速率点向上拖曳到合适的位置。

步骤 11 继续使用同样的方法根据音乐节奏，通过添加和拖曳速率点到合适的位置以制作出忽快忽慢的变速效果。

步骤 12 选择音频文件，设置音频的结束时间与视频的结束时间相同。至此，本实例制作完成。

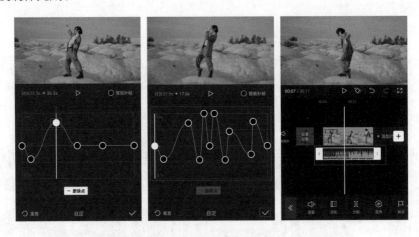

实例 27：制作卡点跳舞效果（文字部分）

本实例使用"文字模板"工具为视频添加合适的文字，使画面更加丰富。

步骤 01 在"时间轴"面板中的空白位置点击,将时间线滑动至起始位置,在"工具栏"面板中点击"文字"按钮。

步骤 02 点击"文字模板"按钮。

步骤 03 在弹出的"文字模板"面板中点击"手写字"按钮,选择合适的文字模板。

步骤 04 在"文字栏"面板中修改文字为"跳"。

步骤 05 点击 ⬆ 按钮切换到下一个文字栏,接着在"文字栏"面板中将文字修改为"舞"。

步骤 06 点击 ⬆ 按钮切换到下一个文字栏,接着在"文字栏"面板中将文字修改为 DANCE。至此,本实例制作完成。

实例 28：制作电影感片头视频（片头效果部分）

扫一扫，看视频

本实例首先使用"文字"工具创建文字与关键帧；然后导出片头视频动画。

步骤 01 打开剪映 App，点击"开始创作"按钮，执行"素材库"→"热门"命令，选择白色视频，点击"添加"按钮。

步骤 02 在"时间轴"面板中设置视频的结束时间为 9 秒。

步骤 03 点击空白位置处，在"工具栏"面板中执行"画中画"→"新增画中画"命令。

步骤 04 在弹出的面板中执行"素材库"→"热门"命令，选择黑色视频，点击"添加"按钮。

步骤 05 在"播放"面板中设置合适的大小。在"工具栏"面板中设置其持续时间与白色视频的持续时间相同。

步骤 06 选择黑色视频文件，将时间线滑动至起始位置。在"播放"面板中将黑色视频移动至画面外，接着点击 ◇（添加关键帧）按钮。

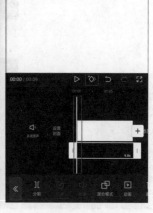

步骤 07 将时间线滑动至 4 秒位置处，在"播放"面板中将黑色视频移动至画面外的上方位置。

步骤 08 点击空白位置处，将时间线滑动至起始位置，接着点击 ◇（添加关键帧）按钮。在"工具栏"面板中执行"素材库"→"热门"命令，选择黑色视频文件，点击"添加"按钮。

步骤 09 在"播放"面板中设置合适的大小。在"工具栏"面板中设置其持续时间与白色视频的持续时间相同。

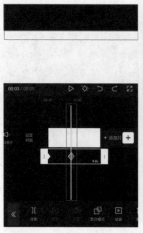

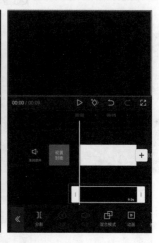

步骤 10 选择黑色视频文件，将时间线滑动至起始位置，在"播放"面板中将黑色视频移动至画面外的下方位置，接着点击 ◇（添加关键帧）按钮。

步骤 11 将时间线滑动至 4 秒位置处，在"播放"面板中将黑色视频移动至合适的位置。

步骤 12 点击空白位置，在"工具栏"面板中点击"文字"按钮。

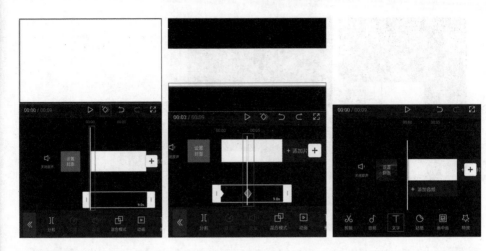

步骤 13 将时间线滑动至 4 秒 17 帧位置处，在弹出的"工具栏"面板中点击"新建文本"按钮。

步骤 14 在弹出的面板中输入合适的文字内容，执行"字体"→"热门"命令，选择合适的字体样式。在"播放"面板中将文字移动至画面中的合适位置。

步骤 15 执行"样式"→"文本"命令，设置"字号"为15。

步骤 16 在"时间轴"中的空白位置点击，将时间线滑动至 4 秒 17 帧位置处，在"工具栏"面板中点击"新建文本"按钮。

步骤 17 在弹出的面板中输入合适的文字内容，执行"字体"→"英文"命令，选择合适的字体样式。在"播放"面板中将文字移动至画面中的合适位置。

步骤 18 执行"样式"→"文本"命令，设置"字号"为 7。

步骤 19 此时文字视频设置完成。点击"导出"按钮将视频文件导出。至此，本实例制作完成。

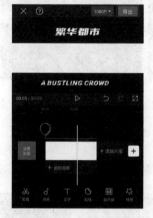

实例 29：制作电影感片头视频（电影效果部分）

本实例首先导入片头视频动画；然后使用"混合模式"制作出电影感视频片头效果。

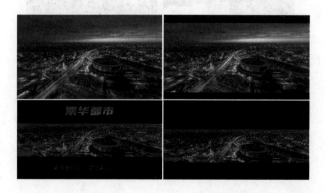

步骤 01 在弹出的面板中执行"照片视频"→"视频"命令，选择01.mp4素材文件，点击"添加"按钮。

步骤 02 设置 01.mp4 素材文件的结束时间与上方视频文件的结束时间相同。在"播放"面板中将素材文件设置到合适的大小，接着在"工具栏"面板中点击"混合模式"按钮。

步骤 03 在弹出的"混合模式"面板中点击"变暗"按钮。

步骤 04 将时间线滑动至起始位置，在"工具栏"面板中执行"音频"→"音乐"命令。

步骤 05 在弹出的"添加音乐"面板中搜索 NATASHA，接着点击"使用"按钮。设置音频文件的结束时间与视频文件的结束时间相同。至此，本实例制作完成。

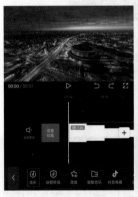

第 4 章
轻松学会快速剪辑技巧

本章将介绍快速剪辑技巧，旨在帮助读者提高创作短视频的效率，从而更快速地完成视频剪辑任务。同时，这些技巧也可以帮助读者实现创意和想象力，制作出更加有趣和吸引人的视频内容。

■ 知识要点

剪同款

图文成片

一键成片

实例30：剪同款

扫一扫，看视频

本实例根据"剪同款"选择喜欢的视频效果，快速剪辑出与视频相同的效果。

步骤 01 打开剪映App，在"剪辑"面板中点击"剪同款"按钮。

步骤 02 在"剪同款"面板中点击"推荐"按钮，选择合适的视频文件。

步骤 03 此时可观看视频与自己想要的效果是否一致，如果一致，则点击"剪同款"按钮。

步骤 04 在弹出的面板中点击"视频"按钮，选择合适的素材文件，接着点击"下一步"按钮。

步骤 05 此时视频已经按照模板制作完成，可点击"导出"按钮导出视频。至此，本实例制作完成。

扫一扫，看视频

实例 31：图文成片

本实例使用"图文成片"功能，根据文字自动生成视频动画。

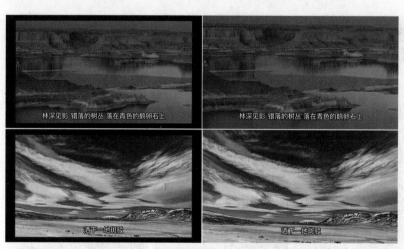

步骤 01 打开剪映 App，在"剪辑"面板中点击"图文成片"按钮。

步骤 02 在弹出的"图文成片"面板中输入合适的文字内容，接着执行"智能匹配素材"→"生成视频"命令。

步骤 03 在"工具栏"面板中点击"风格套图"按钮。

步骤 04 在弹出的面板中选择合适的套版。

步骤 05 此时视频已经制作完成，可点击"导出"按钮导出视频。

步骤 06 如果需要进一步制作动画，可点击"导入剪辑"按钮。

步骤 07 此时视频已经导入剪辑中。至此，本实例制作完成。

实例 32：一键成片

本实例使用"一键成片"功能，根据素材文件自动生成视频动画效果。

扫一扫，看视频

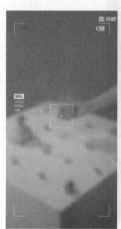   

步骤 01 打开剪映 App，在"剪辑"面板中点击"一键成片"按钮。

步骤 02 在弹出的"照片视频"面板中选择合适的视频文件。

步骤 03 此时视频已自动制作完成，可观看视频确认是否符合要求。

步骤 04 点击"卡点"按钮，选择合适的视频效果，接着点击"导出"按钮。

步骤 05 点击"存储"按钮导出视频。至此，本实例制作完成。

第5章
轻松学会调出更"高级感"色调的技巧

调色能够增强视频的视觉效果，并营造出所需的氛围。通过合理的调色处理，可以对画面的色彩进行校正和优化，使其更加鲜艳、生动。不同的调色风格能够产生截然不同的效果，如暖色调可以营造出温馨、舒适的氛围，而冷色调则可以突出画面的紧张和刺激感。

■知识要点

为作品进行常规调色
通过调色制作不同氛围的色调

实例 33：黑金色调

本实例在剪映中使用"滤镜"工具调整画面色调、亮度，从而制作出黑金色调的效果。

步骤 01 将风景 .mp4 素材文件导入剪映，选择视频文件，此时画面中的颜色如图所示。

步骤 02 在"时间轴"面板中选择视频文件，在"工具栏"面板中点击"滤镜"按钮。

步骤 03 在弹出的"滤镜"面板中点击"精选"按钮，选择"黑金"滤镜，设置"滤镜强度"为100。至此，本实例制作完成。

实例 34：悬疑色调

本实例在剪映中使用"调整"与"滤镜"工具调整画面对比度、饱和度等，使画面更具恐怖色彩。

扫一扫，看视频

步骤 01 将风景 .mp4 素材文件导入剪映，选择视频文件，在"工具栏"面板中点击"滤镜"按钮。

步骤 02 在弹出的"滤镜"面板中点击"夜景"按钮，选择"青灰"滤镜。

步骤 03 设置"滤镜强度"为 100。

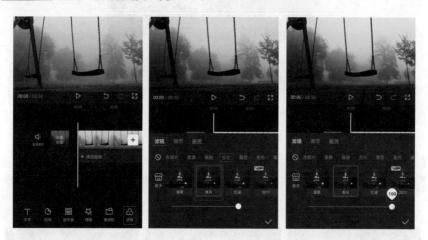

步骤 04 点击空白位置，选择"时间轴"面板中的视频，在"工具栏"面板中点击"调节"按钮。

步骤 05 在"调节"面板中点击"亮度"按钮，设置"亮度"为 -8。

步骤 06 点击"对比度"按钮，设置"对比度"为 23。至此，本实例制作完成。

实例 35：电影感色调

本实例在剪映中使用"调节"工具调整画面色调、亮度等，制作电影感的画面颜色效果。

扫一扫，看视频

步骤 01 将人.mp4 素材文件导入剪映，选择视频文件，此时画面中的颜色如图所示。

步骤 02 调整画面颜色，接着选择文件，并在"工具栏"面板中点击"调节"按钮。

步骤 03 在弹出的"调节"面板中点击"对比度"按钮，设置"对比度"为10。

 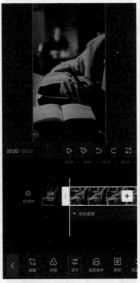 

步骤 04 点击"光感"按钮，设置"光感"为 –10。

步骤 05 点击"锐化"按钮，设置"锐化"为 6。

步骤 06 点击 HSL 按钮，在弹出的 HSL 面板中选择"青色"通道，设置"色相"为 -50。

步骤 07 点击"高光"按钮，设置"高光"为 10。

步骤 08 点击"阴影"按钮，设置"阴影"为 -4。至此，本实例制作完成。

实例 36：秋天色调

本实例首先在剪映中使用"滤镜"工具调整画面中的色相、亮度等；然后使用"文字模板"工具制作片头文字动画并添加音频文件。

扫一扫，看视频

步骤 01 将森林 .mp4 素材文件导入剪映，选择视频文件，此时画面中的颜色如图所示。

步骤 02 选择素材文件，在"工具栏"面板中点击"滤镜"按钮。

步骤 03 在"滤镜"面板中点击"风景"按钮，选择"橘光"滤镜。

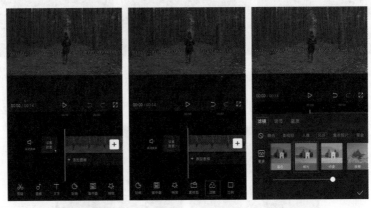

步骤 04 设置"滤镜强度"为 100。

步骤 05 将时间线滑动至起始位置，在"工具栏"面板中点击"文字"按钮。

步骤 06 点击"文字模板"按钮，在弹出的"文字模板"面板中点击"旅行"按钮，选择合适的文字模板。

步骤 07 在"时间轴"面板中点击文字轨道，在"播放"面板中设置合适的文字大小。

步骤 08 将时间线滑动至起始位置，在"工具栏"面板中执行"音频"→"音乐"命令。

步骤 09 在弹出的"添加音乐"面板中点击"抖音"按钮，接着选择合适的音频文件，点击"使用"按钮。剪辑并删除音频的后半部分，使音频时长与视频时长一致。至此，本实例制作完成。

实例 37：美食色调

本实例首先在剪映中使用"滤镜"与"调整"工具调整画面亮度、对比度等，使画面中的食物更具有食欲；然后使用"文字模板"工具为画面添加文字，使画面更加丰富。

扫一扫，看视频

步骤 01 将汉堡 .mp4 素材文件导入剪映，选择视频文件，此时画面中的颜色如图所示。

步骤 02 在"时间轴"面板中选择视频文件，在"工具栏"面板中点击"滤镜"按钮。

步骤 03 在弹出的"滤镜"面板中点击"美食"按钮，选择"法餐"滤镜。

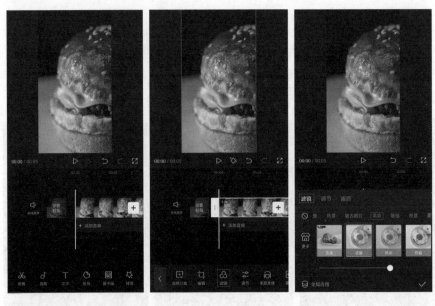

步骤 04 设置"滤镜强度"为 100。

步骤 05 点击"调节"按钮，在"调节"面板中点击"亮度"按钮，设置"亮度"为 11。

步骤 06 点击"对比度"按钮，设置"对比度"为 5。

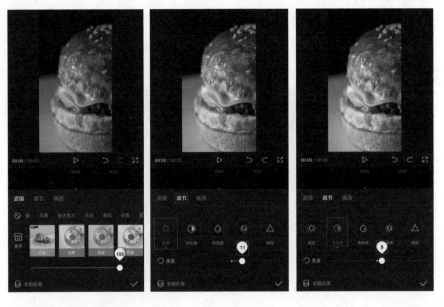

步骤 07 点击"饱和度"按钮，设置"饱和度"为 6。

步骤 08 点击"光感"按钮,设置"光感"为8。

步骤 09 将时间线滑动至起始位置,点击"时间轴"面板中的空白位置,在"工具栏"面板中点击"文字"按钮。

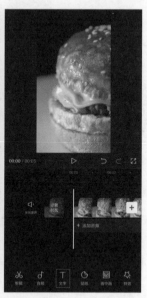

步骤 10 在弹出的"工具栏"面板中点击"文字模板"按钮。

步骤 11 在弹出的"文字模板"面板中选择合适的文字模板。

步骤 12 在"文字栏"面板中修改合适的文字,并在"播放"面板中设置文字到合适的大小。至此,本实例制作完成。

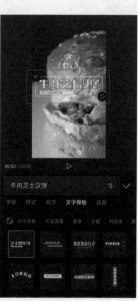

实例 38：清透色调

本实例在剪映中使用"调整"工具调整画面的对比度、饱和度等，使画面更加清透。

扫一扫，看视频

步骤 01 将风景 .mp4 素材文件导入剪映。在"时间轴"面板中选择视频文件，在"工具栏"面板中点击"调节"按钮。

步骤 02 在弹出的"调节"面板中点击"对比度"按钮，设置"对比度"为 15。

步骤 03 点击"饱和度"按钮，设置"饱和度"为 22。

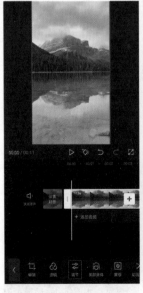

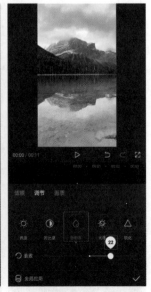

步骤 04 点击"光感"按钮，设置"光感"为 35。

步骤 05 点击"锐化"按钮，设置"锐化"为 5。

步骤 `06` 点击 HSL 按钮，接着在弹出的 HSL 面板中选择 "绿色" 通道，设置 "饱和度" 为 15、"亮度" 为 11。

步骤 `07` 选择 "青色" 通道，设置 "色相" 为 21、"饱和度" 为 8、"亮度" 为 16。

步骤 `08` 选择 "蓝色" 通道，设置 "亮度" 为 13。

步骤 `09` 点击 "色温" 按钮，设置 "色温" 为 -15。至此，本实例制作完成。

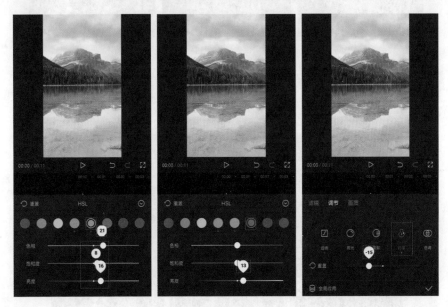

实例 39：去色

　　本实例在剪映中使用"调整"工具调整画面亮度，并使用 HSL 与曲线将画面中的红色变为白色。

步骤 01 将花 .mp4 素材文件导入剪映，选择视频文件，此时画面中的颜色如图所示。

步骤 02 在"工具栏"面板中点击"调节"按钮。

步骤 03 在弹出的"调节"面板中点击"亮度"按钮，设置"亮度"为 15。

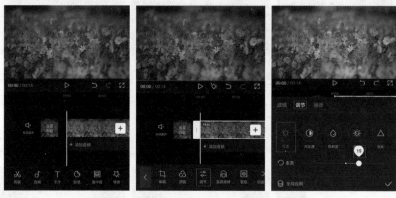

步骤 04 点击"对比度"按钮，设置"对比度"为 50。

步骤 05 点击"光感"按钮，设置"光感"为 –7。

步骤 06 点击 HSL 按钮，在弹出的 HSL 面板中选择"红色"通道，设置"饱和度"为 –100、"亮度"为 11。

步骤 07 选择"紫红色"通道，设置"饱和度"为 -100。

步骤 08 点击"曲线"按钮，在弹出的"曲线"面板中选择 RGB 通道，接着添加一个锚点并将锚点向左上方拖曳到合适的位置，再次添加一个锚点并将锚点向右下方拖曳到合适的位置。

步骤 09 选择"红色"通道，添加一个锚点并向左上方拖曳到合适的位置。

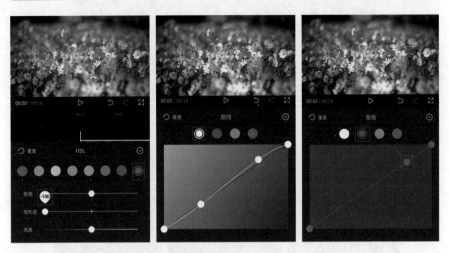

步骤 10 点击"阴影"按钮，设置"阴影"为 9。

步骤 11 点击"色温"按钮，设置"色温"为 -16。至此，本实例制作完成。

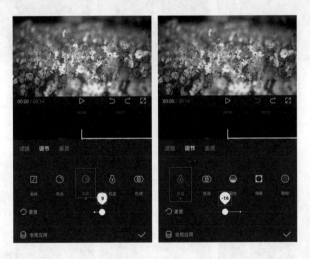

实例 40：动漫色调

本实例首先在剪映中使用"调节"工具调整画面的颜色，使画面更加明亮、更具动漫感；然后使用"贴纸"工具制作文字效果。

扫一扫，看视频

步骤 01 将动物 .mp4 素材文件导入剪映，选择视频文件，此时画面中的颜色如图所示。

步骤 02 选择素材文件，在"工具栏"面板中点击"调节"按钮。

步骤 03 在"调节"面板中设置"亮度"为5。

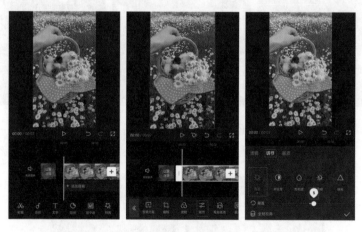

步骤 04 点击"对比度"按钮，设置"对比度"为5。

步骤 05 点击"饱和度"按钮，设置"饱和度"为35。

步骤 06 点击"光感"按钮，设置"光感"为15。

步骤 07 点击"锐化"按钮,设置"锐化"为 25。

步骤 08 点击 HSL 按钮,在弹出的 HSL 面板中选择"绿色"通道,设置"色相"为 10、"饱和度"为 10、"亮度"为 -10。

步骤 09 点击"阴影"按钮,设置"阴影"为 10。

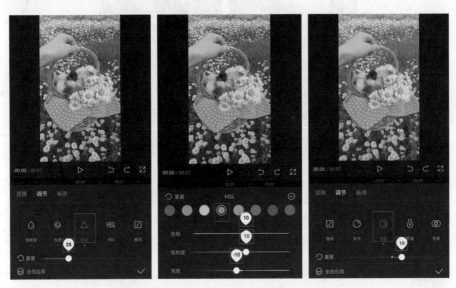

步骤 10 将时间线滑动至起始位置,在"工具栏"面板中点击"贴纸"按钮。

步骤 11 搜索"记录文字",选择合适的文字贴纸。

步骤 12 在"播放"面板中将贴纸设置到合适的大小与位置。

步骤 13 点击空白位置,将时间线滑动至起始位置,在"工具栏"面板中执行"音频"→"音乐"命令。

步骤 14 搜索"永远同在",选择合适的音频文件,点击"使用"按钮。剪辑并删除音频的后半部分,使音频时长与视频时长一致。至此,本实例制作完成。

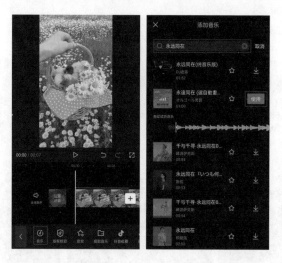

实例 41:老电影中的彩色人物(老电影背景部分)

扫一扫,看视频

本实例在剪映中使用"滤镜"与"调节"工具调整画面的色调、亮度等,制作老电影背景部分。

步骤 01 将人物 .mp4 素材文件导入剪映,选择视频文件,此时画面中的颜色如图所示。

步骤 02 在"时间轴"面板中选择视频文件,在"工具栏"面板中点击"滤镜"按钮。

步骤 03 在弹出的"滤镜"面板中点击"黑白"按钮,选择"快照 I"滤镜,并设置"滤镜强度"为 100。

步骤 04 点击"时间轴"中的空白位置，并在"工具栏"面板中点击"调节"按钮。

步骤 05 在弹出的"调节"面板中点击"对比度"按钮，设置"对比度"为 4。至此，本实例制作完成。

实例 42：老电影中的彩色人物（抠像彩色人物部分）

本实例首先在剪映中使用"滤镜"工具调整画面的色调、亮度；然后使用"调整"工具使画面中的人物更加突出；最后使用"抠像"工具使画面中的人物像走入了电影画面中似的。

步骤 01 点击"时间轴"面板中的空白位置,在"工具栏"面板中点击"复制"按钮。

步骤 02 选择刚刚复制的视频文件,接着在"工具栏"面板中点击"切画中画"按钮。

步骤 03 设置视频文件的起始时间与主视频的起始时间相同,在"工具栏"面板中点击"滤镜"按钮。

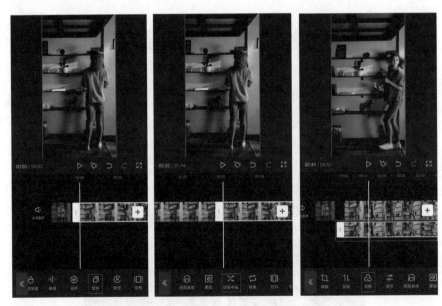

步骤 04 在弹出的"滤镜"面板中点击"人像"按钮,选择"焕肤"滤镜,设置"滤镜强度"为100。

步骤 05 点击"调节"按钮,在弹出的"调节"面板中点击"亮度"按钮,设置"亮度"为4。

步骤 06 点击"对比度"按钮,设置"对比度"为5。

步骤 07 点击"饱和度"按钮，设置"饱和度"为 8。

步骤 08 点击"色温"按钮，设置"色温"为 -30。

步骤 09 点击"时间轴"面板中的空白位置，接着点击"画中画"轨道上的视频文件，在"工具栏"面板中点击"抠像"按钮。

步骤 10 在弹出的面板中点击"智能抠像"按钮。至此，本实例制作完成。

实例 43：青橙色调的唯美电影效果（调色部分）

扫一扫，看视频

本实例在剪映中使用"调整"与"滤镜"工具调整亮度、饱和度、色相等，制作青橙色调的唯美电影效果。

步骤 01 将人物 .mp4 素材文件导入剪映，在"时间轴"面板中选择视频文件，在"工具栏"面板中点击"调节"按钮。

步骤 02 在弹出的"调节"面板中点击"亮度"按钮，设置"亮度"为 -4。

步骤 03 点击"对比度"按钮，设置"对比度"为 -9。

步骤 04 点击"饱和度"按钮，设置"饱和度"为 10。

步骤 05 点击"光感"按钮，设置"光感"为 -19。

步骤 06 点击"锐化"按钮，设置"锐化"为 20。

步骤 07 点击"高光"按钮，设置"高光"为 4。

步骤 08 点击"阴影"按钮，设置"阴影"为 10。

步骤 09 点击"色温"按钮，设置"色温"为 -10。

步骤 10 点击"色调"按钮，设置"色调"为 -15。

步骤 11 点击"暗角"按钮，设置"暗角"为 9。

步骤 12 将时间线滑动至起始位置，在"工具栏"面板中点击"滤镜"按钮，在弹出的"滤镜"面板中点击"影视级"按钮，选择"青橙"滤镜，设置"滤镜强度"为 100。至此，本实例制作完成。

实例 44：青橙色调的唯美电影效果（动画部分）

本实例首先使用"特效"工具制作画面开场效果；然后使用"贴纸"工具制作文字的动画效果并添加合适的音频文件。

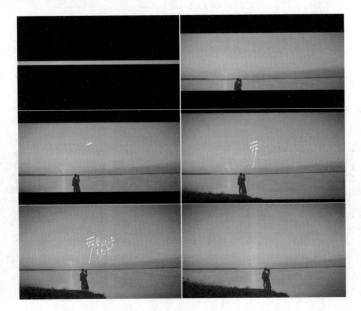

步骤 01 点击"时间轴"面板中的空白位置，在"工具栏"面板中点击"特效"按钮。

步骤 02 在弹出的面板中点击"画面特效"按钮。

步骤 03 在弹出的"特效"面板中点击"基础"按钮，选择"开幕"特效。

步骤 04 在"时间轴"面板中选择特效,在"工具栏"面板中点击"作用对象"按钮。

步骤 05 在弹出的"作用对象"面板中点击"全局"按钮,接着点击"时间轴"面板中的空白位置。

步骤 06 将时间线滑动至 2 秒 03 帧位置处,在"工具栏"面板中点击"贴纸"按钮。

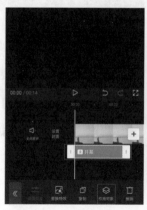

步骤 07 在弹出的"搜索栏"面板中搜索"文字",在弹出的面板中选择合适的文字贴纸。

步骤 08 在"时间轴"面板中选择贴纸,在"播放"面板中将贴纸设置到合适的大小。

步骤 09 将时间线滑动至起始位置,在"工具栏"面板中点击"音频"按钮。

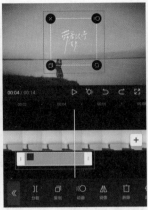

步骤 **10** 在"工具栏"面板中点击"音乐"按钮。

步骤 **11** 在弹出的"添加音乐"面板中点击"抖音"按钮。

步骤 **12** 在"抖音"面板中选择合适的音频文件,点击"使用"按钮。剪辑并删除音频的后半部分,使音频时长与视频时长一致。至此,本实例制作完成。

第6章
美颜美体

剪映中的美颜美体功能可以调整视频中人物的容貌和身材，如可以修复和美化肤色、祛除痘印等，也可以进行瘦身、塑形、增高等。需要注意的是，无须过度调整，根据需求微调即可。

■ 知识要点
美颜
美体

实例 45：使用"美颜"工具制作淡妆效果

扫一扫，看视频

　　本实例首先使用"美颜"工具美化视频中的人物；然后使用"素材包"工具创建文字并制作片头动画；最后使用"音乐"工具为视频添加音乐。

步骤 01 将 01.mp4 素材文件导入剪映，选择视频文件，在"工具栏"面板中点击"美颜美体"按钮。

步骤 02 点击"美颜"按钮。

步骤 03 在弹出的"美颜"面板中点击"磨皮"按钮，设置"磨皮"为 15。

步骤 04 点击"美白"按钮，设置"美白"为 10。

步骤 05 点击"白牙"按钮，设置"白牙"为 45。

步骤 06 执行"美型"→"面部"→"瘦脸"命令，设置"瘦脸"为 8。

步骤 07　点击"短脸"按钮，设置"短脸"为10。

步骤 08　执行"美妆"→"套装"命令，选择"学姐妆"。

步骤 09　将时间线滑动至起始位置，在"工具栏"面板中点击"素材包"按钮。

步骤 10　在弹出的面板中点击"片头"按钮，选择合适的素材包。

步骤 11　将时间线滑动至起始位置，在"工具栏"面板中执行"音频"→"音乐"命令。

步骤 12　在弹出的"添加音乐"面板中点击"流行"按钮，在"流行"面板中选择合适的音频文件，接着点击"使用"按钮。设置音频文件的结束时间与视频文件的结束时间相同。至此，本实例制作完成。

实例 46：使用"美体"工具制作运动视频

本实例首先使用"美体"工具美化视频中人物的身材；然后使用"文字模板"工具创建文字；最后使用"音乐"工具为视频添加音乐。

扫一扫，看视频

步骤 01 将 01.mp4 素材文件导入剪映，选择视频文件，在"工具栏"面板中点击"美颜美体"按钮。

步骤 02 点击"美体"按钮。

步骤 03 在弹出的"智能美体"面板中点击"磨皮"按钮，设置"磨皮"为10。

步骤 04 点击"美白"按钮，设置"美白"为70。

步骤 05 点击"瘦身"按钮，设置"瘦身"为40。

步骤 06 点击"长腿"按钮，设置"长腿"为25。

 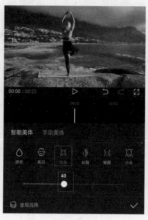 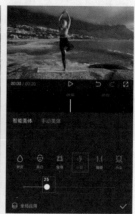

步骤 07 点击"瘦腰"按钮，设置"瘦腰"为40。

步骤 08 点击"小头"按钮，设置"小头"为10。

步骤 09 将时间线滑动至起始位置，在"工具栏"面板中执行"文字"→"文字模板"命令。

  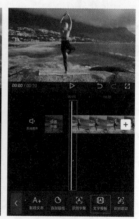

步骤 10 在弹出的"文字模板"面板中点击"运动"按钮，选择合适的文字模板。

步骤 11 将时间线滑动至起始位置，在"工具栏"面板中执行"音频"→"音乐"命令。

步骤 12 在弹出的"添加音乐"面板中点击搜索栏，在"搜索栏"面板中搜索stars，选择合适的音频文件，接着点击"使用"按钮。设置音频文件的结束时间与视频文件的结束时间相同。至此，本实例制作完成。

第7章

炫酷的视频特效

剪映中的特效功能可以增强视频的吸引力和表现力,常用的特效包括画面特效和人物特效等。适当运用这些特效可以制作出独特的视觉效果,但需要避免过度使用,确保根据视频的主题和风格选择合适的特效即可。

■ 知识要点

画面特效

人物特效

实例 47：制作打开文件效果

扫一扫，看视频

本实例首先使用"画面特效"工具制作打开文件的效果；然后为画面添加发光与闪光的效果；最后为画面添加音频使画面更加完整。

步骤 01 将 01.mp4 素材文件导入剪映，将时间线滑动至 2 秒 10 帧位置处，在"工具栏"面板中点击"特效"按钮。

步骤 02 点击"画面特效"按钮。

步骤 03 在"特效"面板中点击"爱心"按钮，选择"荧光爱心"特效。

步骤 04 设置刚刚添加的特效的结束时间与视频的结束时间相同。

步骤 05 将时间线滑动至 2 秒 10 帧位置处，接着点击"画面特效"按钮。

步骤 06 在"特效"面板中点击"光"按钮，选择"边缘发光"特效。

步骤 07 设置刚刚添加的特效的结束时间与视频的结束时间相同。将时间线滑动至起始位置，接着点击"画面特效"按钮。

步骤 08 在"特效"面板中点击"边框"按钮，选择"回忆文件夹"特效。

步骤 09 设置刚刚添加的特效的结束时间与视频的结束时间相同。在"工具栏"面板中点击"作用对象"按钮。

步骤 10 在弹出的"作用对象"面板中点击"全局"按钮。

步骤 11 将时间线滑动至2秒位置处，在"工具栏"面板中执行"音频"→"音乐"命令。

步骤 12 在弹出的"添加音乐"面板中点击"抖音"按钮，在"抖音"面板中选择合适的音频文件，接着点击"使用"按钮。设置音频文件的结束时间与视频文件的结束时间相同。至此，本实例制作完成。

实例 48：制作人物头部卡通动漫效果

扫一扫，看视频

本实例首先使用"人物特效"工具将画面中人物的头部变为卡通动漫效果；然后使用音频文件为视频添加音频。

步骤 01 将 01.mp4 素材文件导入剪映，在"工具栏"面板中点击"特效"按钮。

步骤 02 将时间线滑动至起始位置，在"工具栏"面板中点击"人物特效"按钮。

步骤 03 在"特效"面板中点击"形象"按钮，选择"可爱女生"特效。

步骤 04 设置刚刚添加的特效的结束时间与视频的结束时间相同。

步骤 05 将时间线滑动至起始位置，在"工具栏"面板中执行"文字"→"文字模板"命令。

步骤 06 在"文字模板"中点击"综艺感"按钮，选择合适的文字模板。在播放面板中将其设置到合适的大小与位置。

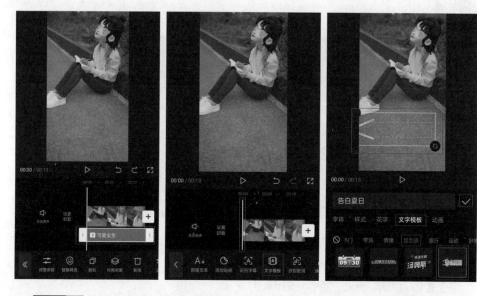

步骤 07 将时间线滑动至起始位置，在"工具栏"面板中执行"音频"→"音乐"命令。

步骤 08 在弹出的"添加音乐"面板中点击"抖音"按钮，接着在"抖音"面板中选择合适的音频文件，点击"使用"按钮。设置音频文件的结束时间与视频文件的结束时间相同。至此，本实例制作完成。

实例 49：制作帷幕拉开效果

扫一扫，看视频

　　本实例首先使用"画面特效"工具为画面制作拉开帷幕的搞笑综艺效果；然后使用"音乐"工具为视频添加音乐。

步骤 01 将 01.mp4 素材文件导入剪映，将时间线滑动至起始位置，在"工具栏"面板中点击"特效"按钮。

步骤 02 点击"画面特效"按钮。

步骤 03 在"特效"面板中点击"综艺"按钮，选择"小剧场"特效。

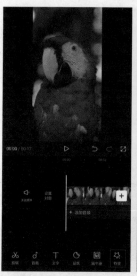 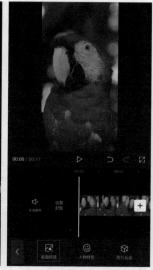 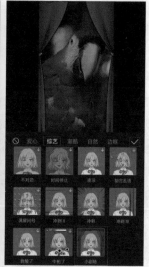

步骤 04 设置刚刚添加的特效的结束时间与视频的结束时间相同。将时间线滑动至 2 秒 03 帧位置处，在"工具栏"面板中点击"画面特效"按钮。

步骤 05 在"特效"面板中点击"综艺"按钮，选择"啊啊啊啊"特效。

步骤 06 设置刚刚添加的特效的结束时间与视频的结束时间相同。

 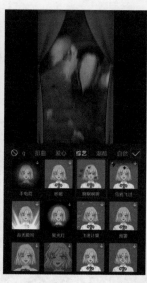 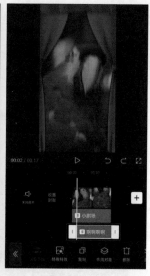

步骤 07 将时间线滑动至起始位置，在"工具栏"面板中执行"音频"→"音乐"命令。在弹出的"添加音乐"面板中点击"搞怪"按钮，在"搞怪"面板中选择合适的音频文件，接着点击"使用"按钮。设置音频文件的结束时间与视频文件的结束时间相同。

步骤 08 将时间线滑动至2秒12帧位置处，在"工具栏"面板中点击"音效"按钮。

步骤 09 在"搜索栏"面板中搜索"啊"，选择合适的音效，点击"使用"按钮。至此，本实例制作完成。

 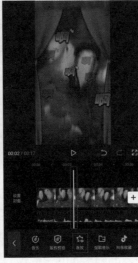 

实例50：制作影片效果

扫一扫，看视频

本实例首先使用"画面特效"工具为视频制作影片效果；然后使用"音乐"工具为视频添加音乐。

步骤 01 将01.mp4素材文件导入剪映。

步骤 02 选择视频文件，设置视频文件的结束时间为10秒29帧。

步骤 03 将时间线滑动至起始位置，在"工具栏"面板中执行"特效"→"画面特效"命令。

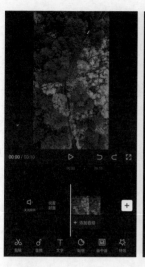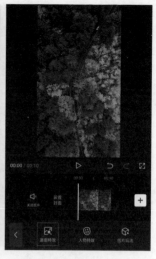

步骤 04 在"特效"面板中点击"自然"按钮，选择"晴天光线"特效。

步骤 05 将时间线滑动至起始位置，在"工具栏"面板中点击"画面特效"按钮。

步骤 06 在"特效"面板中点击 DV 按钮，选择"日式 DV"特效。

步骤 07 设置特效的结束时间与视频的结束时间相同。

步骤 08 将时间线滑动至起始位置，在"工具栏"面板中执行"音频"→"音乐"命令。

步骤 09 在弹出的"添加音乐"面板中点击"抖音"按钮，在"抖音"面板中选择合适的音频文件，接着点击"使用"按钮。设置音频文件的结束时间与视频文件的结束时间相同。至此，本实例制作完成。

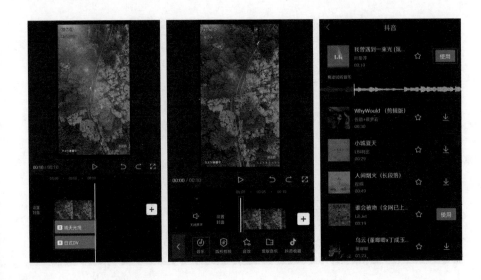

实例 51：制作下雪特效

扫一扫，看视频

　　　　本实例首先使用"画面特效"工具制作下雪视频效果；然后使用"素材包"与"音乐"工具丰富视频画面。

　　步骤 01 将 01.mp4 素材文件导入剪映，在"工具栏"面板中点击"特效"按钮。

　　步骤 02 将时间线滑动至起始位置，在"工具栏"面板中点击"画面特效"按钮。

　　步骤 03 在"特效"面板中点击"自然"按钮，选择"飘雪 II"特效。

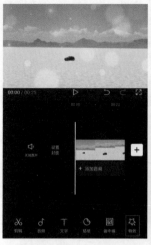
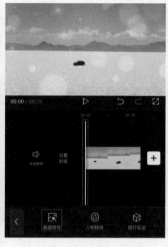
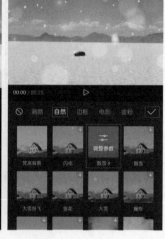

步骤 04 将时间线滑动至起始位置，点击"画面特效"按钮。

步骤 05 在"特效"面板中点击"自然"按钮，选择"大雪"特效。

步骤 06 设置所有特效的结束时间与视频的结束时间相同。

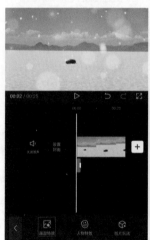

步骤 07 将时间线滑动至起始位置，在"工具栏"面板中执行"音频"→"音乐"命令。在弹出的"添加音乐"面板中点击"旅行"按钮，在"旅行"面板中选择合适的音频文件，接着点击"使用"按钮。设置音频文件的结束时间与视频文件的结束时间相同。

步骤 08 将时间线滑动至起始位置，在"工具栏"面板中点击"素材包"按钮。

步骤 09 在"特效"面板中点击"旅行"按钮，选择合适的素材包。至此，本实例制作完成。

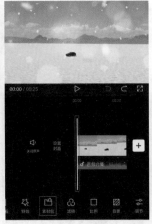

实例 52：制作变身为仙女的视频效果

扫一扫，看视频

　　本实例首先使用"人物特效"工具制作仙女效果并制作出变身效果；然后使用"画面特效"工具为画面添加仙气氛围；最后使用"音乐"工具为视频添加音乐。

　　步骤 01 将 01.mp4 素材文件导入剪映，在"工具栏"面板中点击"特效"按钮。

　　步骤 02 将时间线滑动至 15 帧位置处，在"工具栏"面板中点击"人物特效"按钮。

　　步骤 03 在"特效"面板中点击"装饰"按钮，选择"蝴蝶翅膀"特效。

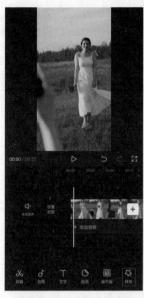

步骤 04 将时间线滑动至起始位置，点击"人物特效"按钮。

步骤 05 在"特效"面板中点击"装饰"按钮，选择"变身"特效。

步骤 06 将时间线滑动至 24 帧位置处，接着点击"画面特效"按钮。

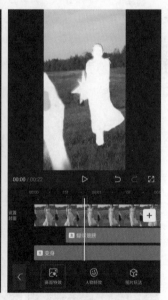

步骤 07 在"特效"面板中点击"氛围"按钮，选择"心河"特效。

步骤 08 将时间线滑动至 24 帧位置处，接着点击"画面特效"按钮。

步骤 09 在"特效"面板中点击"氛围"按钮，选择"星星灯"特效。

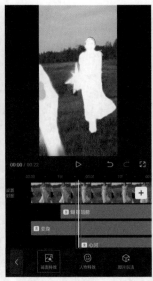

步骤 10 选择除变身特效外的所有特效，并设置特效的结束时间与视频的结束时间相同。

步骤 11 选择变身特效的结束时间为 2 秒 01 帧。

步骤 12 将时间线滑动至起始位置，在"工具栏"面板中执行"音频"→"音乐"命令。在弹出的"添加音乐"面板中点击"旅行"按钮，在"旅行"面板中选择合适的音频文件，接着点击"使用"按钮。设置音频文件的结束时间与视频文件的结束时间相同。至此，本实例制作完成。

实例 53：制作爱心氛围效果

本实例首先使用"人物特效"工具为视频制作爱心、发光的氛围效果；然后使用"音乐"工具为视频添加音乐。

步骤 01 将 01.mp4 素材文件导入剪映，将时间线滑动至 2 秒 01 帧位置处，在"工具栏"面板中执行"特效"→"人物特效"命令。

步骤 02 在"特效"面板中点击"情绪"按钮，选择"神明少女"特效。

步骤 03 接着将时间线滑动至起始位置，在"工具栏"面板中点击"人物特效"按钮。

步骤 04 在"特效"面板中点击"装饰"按钮，选择"气泡Ⅱ"特效。

步骤 05 将时间线滑动至起始位置，在"工具栏"面板中点击"人物特效"按钮。

步骤 06 在"特效"面板中点击"装饰"按钮，选择"气泡Ⅰ"特效。

步骤 07 将时间线滑动至起始位置，在"工具栏"面板中点击"人物特效"按钮。

步骤 08 在"特效"面板中点击"装饰"按钮，选择"爱心泡泡"特效。

步骤 09 设置所有特效的结束时间与视频的结束时间相同。

步骤 10 将时间线滑动至起始位置，在"工具栏"面板中执行"音频"→"音乐"命令。

步骤 11 在弹出的"添加音乐"面板中点击"抖音"按钮，在"抖音"面板中选择合适的音频文件，接着点击"使用"按钮。设置音频文件的结束时间与视频文件的结束时间相同。至此，本实例制作完成。

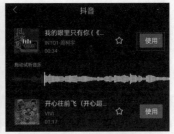

实例 54：制作老照片效果

本实例首先使用"画面特效"工具制作棕色老照片效果，并添加塑料封面效果；然后使用"文字模板"与"音乐"工具为画面添加文字与音乐。

扫一扫，看视频

步骤 01 将 01.mp4 素材文件导入剪映，将时间线滑动至起始位置，在"工具栏"面板中点击"特效"按钮。

步骤 02 点击"画面特效"按钮。

步骤 03 在"特效"面板中点击"纹理"按钮，选择"老照片"特效。

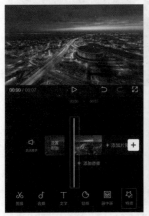

步骤 04 设置刚刚添加的特效的结束时间与视频的结束时间相同。在"工具栏"面板中点击"作用对象"按钮。

步骤 05 在弹出的"作用对象"面板中点击"全局"按钮。

步骤 06 将时间线滑动至起始位置，接着点击"画面特效"按钮。

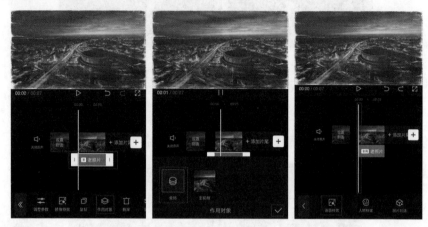

步骤 07 在"特效"面板中点击"纹理"按钮，选择"塑料封面"特效。

步骤 08 设置刚刚添加的特效的结束时间与视频的结束时间相同。

步骤 09 将时间线滑动至起始位置，在"工具栏"面板中执行"文字"→"文字模板"命令。

步骤 10 在弹出的"文字模板"面板中点击"片头标题"按钮，选择合适的文字模板。

步骤 11 将时间线滑动至起始位置，在"工具栏"面板中执行"音频"→"音乐"命令。

步骤 12 在弹出的"添加音乐"面板中点击"爵士"按钮，在"爵士"面板中选择合适的音频文件，接着点击"使用"按钮。设置音频文件的结束时间与视频文件的结束时间相同。至此，本实例制作完成。

 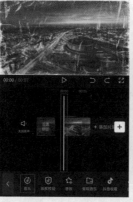 

实例 55：制作视频解锁效果

本实例首先使用"画面特效"工具制作画面零点解锁效果，并为画面添加闪点使画面效果更加明显；然后使用"音乐"工具为视频添加音乐。

扫一扫，看视频

步骤 01 将 01.mp4 素材文件导入剪映，在"工具栏"面板中点击"特效"按钮。

步骤 02 将时间线滑动至起始位置，在"工具栏"面板中点击"画面特效"按钮。

步骤 03 在"特效"面板中点击"基础"按钮，选择"零点解锁"特效。

步骤 04 将时间线滑动至起始位置，点击"画面特效"按钮。

步骤 05 在"特效"面板中点击"氛围"按钮，选择"萤火"特效。

步骤 06 将时间线滑动至起始位置，点击"画面特效"按钮。

步骤 07 在"特效"面板中点击"动感"按钮，选择"定格闪烁"特效。

步骤 08 设置所有特效的结束时间与视频的结束时间相同。

步骤 09 选择"零点解锁"特效，在"工具栏"面板中点击"作用对象"按钮。

步骤 10 在弹出的"作用对象"面板中点击"全局"按钮。

步骤 11 将时间线滑动至起始位置，在"工具栏"面板中执行"音频"→"音乐"命令。

步骤 12 在弹出的"添加音乐"面板中点击"抖音"按钮，在"抖音"面板中选择合适的音频文件，接着点击"使用"按钮。设置音频文件的结束时间与视频文件的结束时间相同。至此，本实例制作完成。

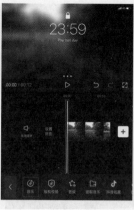

实例 56：制作悬疑光束效果

　　本实例首先为视频设置合适的持续时间；然后使用"滤镜"与"调节"工具调整画面颜色；接着使用"特效"工具制作颤抖与光束的效果，从而制作悬疑效果；最后为视频添加合适的音频。

扫一扫，看视频

　　步骤 01 将 01.mp4 素材文件导入剪映。

　　步骤 02 选择视频文件，设置视频文件的结束时间为 4 秒 02 帧。在"工具栏"面板中点击"滤镜"按钮。

　　步骤 03 在弹出的"滤镜"面板中点击"影视级"按钮，选择"青黄"滤镜。

步骤 04 点击 "调节" 按钮，在弹出的 "调节" 面板中点击 "亮度" 按钮，设置 "亮度" 为 12。

步骤 05 点击 "对比度" 按钮，设置 "对比度" 为 12。

步骤 06 点击 "饱和度" 按钮，设置 "饱和度" 为 5。

步骤 07 将时间线滑动至起始位置，在 "工具栏" 面板中点击 "特效" 按钮。

步骤 08 在弹出的面板中点击 "人物特效" 按钮。

步骤 09 在 "特效" 面板中点击 "环绕" 按钮，选择 "光环 I" 特效。

步骤 10 选择刚刚添加的特效，设置特效的结束时间为 1 秒 27 帧。将时间线滑动至起始位置，在弹出的面板中点击 "画面特效" 按钮。

步骤 11 在 "特效" 面板中点击 "动感" 按钮，选择 "抖动" 特效。

步骤 12 选择刚刚添加的特效，设置特效的结束时间为 1 秒 27 帧。

步骤 13 将时间线滑动至起始位置，在"工具栏"面板中执行"音频"→"音效"命令。

步骤 14 在弹出的面板中点击"悬疑"按钮，选择合适的音效，点击"使用"按钮。设置音效的持续时间与视频的持续时间相同。至此，本实例制作完成。

实例 57：制作分割效果

本实例首先使用"转场"工具制作视频的分割效果；然后使用"特效"工具制作画面变为秋天的效果；接着使用"文字模板"工具添加文字与制作文字动画；最后为视频添加合适的音频文件。

扫一扫，看视频

步骤 **01** 将 01.mp4 素材文件导入剪映。

步骤 **02** 选择视频文件，并设置视频的结束时间为 8 秒 29 帧。将时间线滑动至 2 秒 18 帧位置处，在"工具栏"面板中点击"分割"按钮。

步骤 **03** 在"时间轴"面板中点击 **⌶**（转场）按钮。

步骤 **04** 在弹出的"转场"面板中点击"光效"按钮，选择"光束"特效，设置"持续时间"为 0.5s。

步骤 **05** 将时间线滑动至 1 秒 26 帧位置处，在"工具栏"面板中点击"特效"按钮。

步骤 **06** 在弹出的面板中点击"画面特效"按钮。

步骤 **07** 在弹出的"特效"面板中点击"基础"按钮，选择"变秋天"特效。

步骤 **08** 设置特效的持续时间与视频的持续时间相同。

步骤 **09** 将时间线滑动至 3 秒 05 帧位置处，在"工具栏"面板中执行"文字"→"文字模板"命令。

步骤 10 在弹出的"文字模板"面板中点击"手写字"按钮，选择合适的文字模板。

步骤 11 在"文字栏"面板中输入合适的文字内容，接着点击↓（切换下一层）按钮。

步骤 12 在"文字栏"面板中输入合适的文字内容。

步骤 13 设置文字的结束时间为 5 秒 21 帧。

步骤 14 将时间线滑动至起始位置，在"工具栏"面板中执行"音频"→"音乐"命令。

步骤 15 在弹出的"添加音乐"面板中搜索"雾起海岸"，选择合适的音频文件，接着点击"使用"按钮。设置音频文件的结束时间与视频文件的结束时间相同。至此，本实例制作完成。

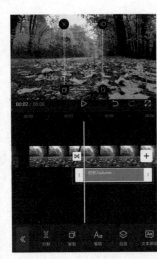

实例 58：制作变速发光效果（变速部分）

扫一扫，看视频

本实例首先使用"滤镜"工具调整画面颜色；然后使用"变速"工具制作视频忽然变慢的效果。

步骤 01 将 01.mp4 素材文件导入剪映。选择视频文件，在"工具栏"面板中点击"滤镜"按钮。

步骤 02 在弹出的"滤镜"面板中点击"人像"按钮，选择"焕肤"滤镜，设置"滤镜强度"为100。

步骤 03 选择视频文件，将时间线滑动至 2 秒位置处，在"工具栏"面板中点击"分割"按钮。

步骤 04 将时间线滑动至 4 秒 19 帧位置处，在"工具栏"面板中点击"分割"按钮。

步骤 05 选择 4 秒 19 帧时间线前方的视频文件，在"工具栏"面板中点击"变速"按钮。

步骤 06 在弹出的面板中点击"常规变速"按钮。

步骤 07 在弹出的"变速"面板中设置"速率"为 0.3x。至此，本实例制作完成。

实例59：制作变速发光效果（发光部分）

本实例首先使用"特效"工具制作变慢发光的效果；然后为视频添加合适的音频。

步骤 01 将时间线滑动至2秒位置处，在"工具栏"面板中点击"特效"按钮。

步骤 02 在弹出的面板中点击"画面特效"按钮。

步骤 03 在弹出的"特效"面板中点击"光"按钮，选择"布拉格"特效。

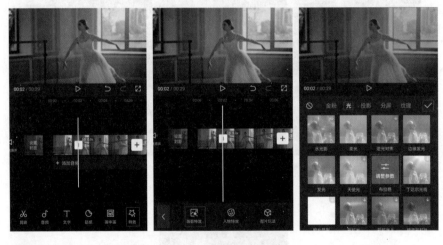

步骤 04 在弹出的面板中点击"画面特效"按钮。

步骤 05 在弹出的"特效"面板中点击"金粉"按钮，选择"金粉闪闪"特效。

步骤 06 设置特效的持续时间与变速后上方视频的持续时间相同。

步骤 07 将时间线滑动至起始位置，在"工具栏"面板中执行"音频"→"音乐"命令。

步骤 08 在弹出的"添加音乐"面板中搜索"爱的回归线"，选择合适的音频文件，接着点击"使用"按钮。设置音频文件的结束时间与视频文件的结束时间相同。至此，本实例制作完成。

第8章

抖音玩法真奇妙

剪映中的"抖音玩法"是一项特别的功能，它允许用户在视频中展现自己的创意和个性。通过运用抖音玩法，可以探索并尝试一些新颖、有趣的视频剪辑方式，从而吸引更多观众的关注和喜爱。

■ 知识要点

抖音玩法

实例 60：制作"魔法变身"效果

本实例首先使用"抖音玩法"工具制作"魔法变身"效果；然后使用"音乐"工具为视频添加音乐。

扫一扫，看视频

步骤 01 将 01.mp4 素材文件导入剪映。选择视频文件，在"工具栏"面板中点击"抖音玩法"按钮。

步骤 02 在"抖音玩法"面板中点击"人像风格"按钮，选择"魔法变身"效果。

步骤 03 将时间线滑动至起始位置，在"工具栏"面板中执行"音频"→"音乐"命令，添加合适的音乐。至此，本实例制作完成。

实例 61：制作"魔法换天"效果

本实例首先使用"抖音玩法"工具制作"魔法换天"效果；然后使用"文字模板"工具创建文字并制作文字动画；最后使用"音乐"工具为视频添加音乐。

扫一扫，看视频

步骤 01 将 01.jpg 素材文件导入剪映。选择素材文件，设置素材文件的结束时间为 6 秒。在"工具栏"面板中点击"抖音玩法"按钮。

步骤 02 在"抖音玩法"面板中点击"场景变换"按钮，选择"魔法换天 I"效果。

步骤 03 将时间线滑动至起始位置，在"工具栏"面板中执行"文字"→"文字模板"命令。

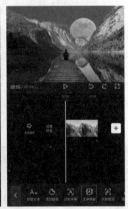

步骤 04 在弹出的"文字模板"面板中点击"旅行"按钮，选择合适的文字模板。

步骤 05 将时间线滑动至起始位置，在"工具栏"面板中执行"音频"→"音乐"命令。

步骤 06 在弹出的"添加音乐"面板中点击"舒缓"按钮，在"舒缓"面板中选择合适的音频文件，接着点击"使用"工具。设置音频文件的结束时间与素材文件的结束时间相同。至此，本实例制作完成。

实例 62：制作"立体相册"效果

本实例首先使用"抖音玩法"工具制作照片人物立体效果；然后使用"音乐"工具为视频添加音乐并制作"立体相册"效果。

扫一扫，看视频

步骤 01 将 01.jpg 素材文件导入剪映。

步骤 02 选择素材文件，在"工具栏"面板中点击"抖音玩法"按钮。

步骤 03 在"抖音玩法"面板中点击"分割"按钮，选择"立体相册"效果。

步骤 04 将时间线滑动至起始位置，在"工具栏"面板中执行"音频"→"音乐"命令。

步骤 05 在弹出的"添加音乐"面板中点击"抖音"按钮，在"抖音"面板中选择合适的音频文件，接着点击"使用"工具。设置音频文件的结束时间与素材文件的结束时间相同。至此，本实例制作完成。

实例 63：制作动漫宠物效果

扫一扫，看视频

本实例首先使用"抖音玩法"工具制作照片抖动效果；然后使用"转场"工具制作画面闪白效果；接着使用"抖音玩法"工具制作漫画效果；最后使用"音乐"与"音效"工具为视频添加音乐。

步骤 01 将01.jpg素材文件导入剪映。选择素材文件，在"工具栏"面板中点击"复制"按钮。

步骤 02 将时间线滑动至29帧位置，选择第1段素材文件，在"工具栏"面板中点击"分割"按钮。

步骤 03 选择时间线后方的文件，在"工具栏"面板中点击"删除"按钮。

步骤 04 选择第 1 段素材文件，在"工具栏"面板中点击"动画"按钮。

步骤 05 在"动画"面板中点击"入场动画"按钮，选择"渐显"动画。

步骤 06 选择第 2 段素材文件，在"工具栏"面板中点击"抖音玩法"按钮。

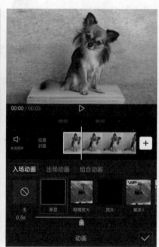

步骤 07 在"抖音玩法"面板中点击"推荐"按钮，选择"日系"效果（可能制作出的效果不同，但均为日系风）。

步骤 08 将时间线滑动至起始位置，在"工具栏"面板中点击"音乐"按钮。

步骤 09 在弹出的"添加音乐"面板中点击"萌宠"按钮，在"萌宠"面板中选择合适的音频文件，接着点击"使用"工具。设置音频文件的结束时间与素材文件的结束时间相同。至此，本实例制作完成。

实例64：制作"留影子"效果（留影子特效部分）

　　本实例首先使用"分割"工具修剪视频；然后使用"抖音玩法"工具制作"留影子"的效果。

扫一扫，看视频

　　步骤 01 将01.mp4素材文件导入剪映。选择视频文件，将时间线滑动至11秒09帧位置处，在"工具栏"面板中点击"分割"按钮。

　　步骤 02 选择时间线后方的视频文件，在"工具栏"面板中点击"删除"按钮。

　　步骤 03 选择视频文件，在"工具栏"面板中点击"抖音玩法"按钮。

步骤 04 在"抖音玩法"面板中选择"留影子"效果。至此，本实例制作完成。

实例 65：制作"留影子"效果（故障特效部分）

本实例首先使用"特效"工具制作画面故障的效果；然后使用"文字模板"工具创建科技感文字效果；最后使用"音乐"和"音效"工具为视频添加音乐。

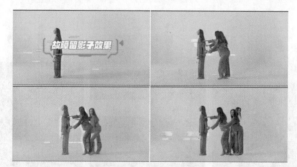

步骤 01 将时间线滑动至起始位置，在"工具栏"面板中点击"特效"按钮。

步骤 02 点击"画面特效"按钮。

步骤 03 在弹出的"特效"面板中点击"动感"按钮，选择"幻彩故障"特效。

步骤 04 设置特效的结束时间与视频的结束时间相同。

步骤 05 将时间线滑动至起始位置，在"工具栏"面板中点击"文字模板"按钮。

步骤 06 在弹出的"文字模板"面板中点击"科技感"按钮，选择合适的文字模板。

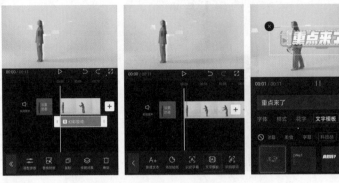

步骤 07 在文字栏中修改合适的文字内容。

步骤 08 将时间线滑动至起始位置，在"工具栏"中执行"音频"→"音效"命令。

步骤 09 在"搜索栏"面板搜索"高科技故障"，选择合适的音效，点击"使用"按钮。

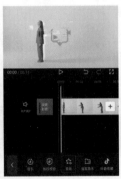

步骤 10 将时间线滑动至起始位置，在"工具栏"面板中点击"音乐"按钮。

步骤 11 在弹出的"添加音乐"面板中点击"混剪"按钮，在"混剪"面板中选择合适的音频文件，接着点击"使用"工具。设置音频文件的结束时间与视频文件的结束时间相同。至此，本实例制作完成。

第 9 章

创意文字

　　剪映中的文字功能可以帮助用户添加字幕、标题或注释等，且提供多种样式和格式供选择，还可以调整文字样式和效果。在使用时，重要的是确保文字内容简洁明了、易于理解，并且要与视频内容和整体风格相匹配，避免过于烦琐，以免影响观众的观感。

■ **知识要点**

　　创建并修改文字

　　花字效果

　　使用文字模板

　　识别歌词

实例 66：制作镂空文字

本实例首先使用"滤镜"工具调整画面背景；然后使用"文字模板"工具制作出文字镂空的视频片头；最后使用"音频"工具为视频添加音乐。

扫一扫，看视频

步骤 01 将 01.mp4 素材文件导入剪映。在"时间轴"面板中选择视频文件，在"工具栏"面板中点击"滤镜"按钮。

步骤 02 在弹出的"滤镜"面板中点击"风景"按钮，选择"暮色"滤镜，设置"滤镜强度"为 100。

步骤 03 将时间线滑动至 7 帧位置处，在"工具栏"面板中执行"文字"→"文字模板"命令。

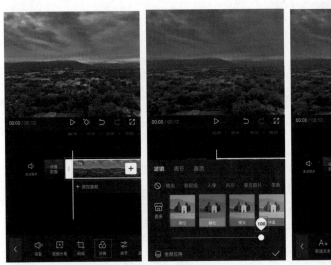

步骤 04 在弹出的"文字模板"面板中点击"片头标题"按钮，选择镂空文字模板。

步骤 05 将时间线滑动至起始位置，在"工具栏"面板中执行"音频"→"音乐"命令。

步骤 06 在弹出的"添加音乐"面板中点击"抖音"按钮，选择合适的音频文件，接着点击"使用"按钮。设置音频的结束时间与视频的结束时间相同。至此，本实例制作完成。

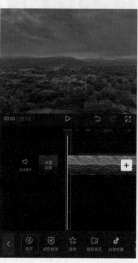

实例 67：制作复古浪漫文字模板

本实例首先使用"文字模板"工具创建文字并设置合适的文字效果与样式；然后使用"音频"工具为视频添加音乐。

扫一扫，看视频

步骤 01 将 01.mp4 素材文件导入剪映，在"工具栏"面板中点击"文字"按钮。

步骤 02 将时间线滑动至起始位置，在"工具栏"面板中点击"文字模板"按钮。

步骤 03 在"文字模板"面板中点击"片头标题"按钮，选择合适的文字模板。

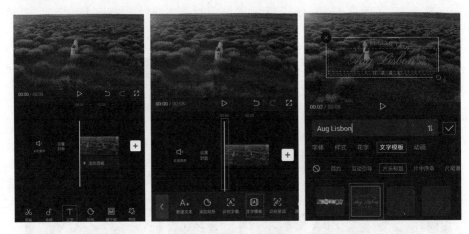

步骤 04 将时间线滑动至起始位置，在"工具栏"面板中执行"音频"→"音乐"命令。

步骤 05 在弹出的"添加音乐"面板中点击"抖音"按钮，在"抖音"面板中选择合适的音频文件，接着点击"使用"按钮。设置音频文件的结束时间与视频文件的结束时间相同。至此，本实例制作完成。

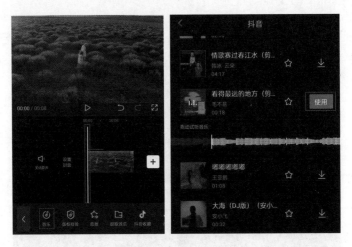

实例 68：制作花字效果

扫一扫，看视频

　　本实例首先使用"文字"工具创建文字并选择合适的字体，制作花字效果；然后使用"音频"工具为视频添加音乐。

步骤 **01** 将 01.mp4 素材文件导入剪映，在"工具栏"面板中点击"文字"按钮。

步骤 **02** 将时间线滑动至起始位置，在"工具栏"面板中点击"新建文本"按钮。

步骤 **03** 在"文字"面板中输入合适的文字内容，执行"字体"→"手写"命令，选择合适的字体。

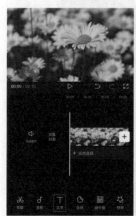  

步骤 **04** 执行"样式"→"文本"命令，设置"字号"为15。

步骤 **05** 执行"花字"→"粉色"命令，选择合适的花字字体。

步骤 **06** 设置文字的结束时间与视频的结束时间相同。

步骤 07 将时间线滑动至起始位置，在"工具栏"面板中执行"音频"→"音乐"命令。

步骤 08 在弹出的"添加音乐"面板中点击"抖音"按钮，在"抖音"面板中选择合适的音频文件，接着点击"使用"按钮。设置音频文件的结束时间与视频文件的结束时间相同。至此，本实例制作完成。

实例 69：创建封面文字

本实例学习在剪映中设置视频封面。

扫一扫，看视频

步骤 01 将 01.mp4 素材文件导入剪映，在"工具栏"面板中点击"音频"按钮。

步骤 02 在"音频"工具栏中点击"音乐"按钮。

步骤 03 在"添加音乐"面板中点击"抖音"按钮，在"抖音"面板中选择合适的音频文件；接着点击"使用"按钮。

步骤 04 在"视频"轨道上点击片尾，接着在"工具栏"面板中点击"删除"按钮。

步骤 05 点击"设置封面"按钮。

步骤 06 点击"添加文字"按钮。

步骤 07 输入合适的文字，在"字体"面板中点击"可爱"按钮，设置合适的字体。

步骤 08 在"样式"面板中点击"背景"按钮，设置背景颜色为橘黄色。

步骤 09 点击"文本"按钮，设置"字号"为45。

步骤 10 设置完成后点击"保存"按钮。

步骤 11 或者点击"封面模板"按钮。

步骤 12 在弹出的"模板"面板中选择合适的封面效果。至此,本实例制作完成。

实例 70：擦除文字

本实例首先使用"画中画"工具添加素材；然后使用"混合模式"工具制作画面擦除效果；最后使用"贴纸"与"贴纸动画"工具制作文字动画。

扫一扫，看视频

步骤 01 将 01.mp4 素材文件导入剪映，点击"工具栏"中的"画中画"按钮。

步骤 02 将时间线滑动至起始位置，点击"新增画中画"工具。

步骤 03 在弹出的面板中点击"素材包"，接着在"搜索栏"面板中搜索"特效擦除"并选择合适的擦除效果，点击"添加"按钮。

步骤 04 在"播放"面板中将素材放大至合适的大小，在"工具栏"面板中点击"混合模式"按钮。

步骤 05 在弹出的"混合模式"面板中选择"变暗"混合模式。

步骤 06 将时间线滑动至 6 帧位置处，点击"贴纸"按钮。

步骤 07 在"搜索栏"面板中搜索"奔赴夏日"，选择合适的贴纸。

步骤 08 在"播放"面板中将贴纸设置到合适的大小，接着在"工具栏"面板中点击"动画"按钮。

步骤 09 在弹出的"贴纸动画"面板中点击"入场动画"按钮，选择"渐显"动画。

步骤 10 在"工具栏"面板中点击"音频"按钮。

步骤 11 点击"音乐"按钮。

步骤 12 在弹出的"添加音乐"面板中搜索"苦茶子剪辑"，选择合适的音频文件，接着点击"使用"按钮。设置音频的结束时间与视频的结束时间相同。至此，本实例制作完成。

实例 71：识别歌词

本实例首先使用"滤镜"工具调整画面颜色；然后使用"音频"工具为视频添加音乐；接着使用"识别歌词"工具识别歌词；最后使用"文字模板"工具制作文字片头效果。

扫一扫，看视频

步骤 01 将 01.mp4 素材文件导入剪映。

步骤 02 选择素材文件，在"工具栏"面板中点击"滤镜"按钮。

步骤 03 在弹出的"滤镜"面板中点击"夜景"按钮，选择"青灰"滤镜，设置"滤镜强度"为 100，接着点击"确定"按钮。

步骤 04 将时间线滑动至起始位置，在"工具栏"面板中执行"音频"→"音乐"命令。

步骤 05 在弹出的"添加音乐"面板中搜索"追光"，选择合适的音频文件，接着点击"使用"按钮。设置音频的结束时间与视频的结束时间相同。

步骤 06 点击"时间轴"面板中的空白位置，在"工具栏"面板中点击"文字"按钮。

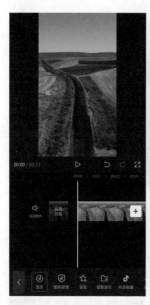

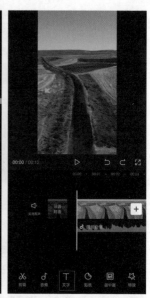

步骤 07 在"工具栏"面板中点击"识别歌词"按钮。

步骤 08 在弹出的"识别歌词"面板中点击"开始匹配"按钮。

步骤 09 选择文字，在"工具栏"面板中点击"编辑"按钮。

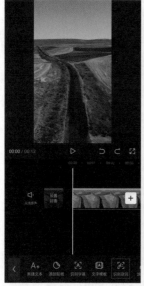

步骤 10 在弹出的面板中执行"字体"→"复古"命令，选择合适的字体。

步骤 11 执行"样式"→"文本"命令，设置"字号"为8。

步骤 12 执行"动画"→"入场"命令，选择"弹弓"动画。

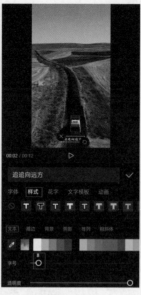

步骤 13 将时间线滑动至起始位置。点击"时间轴"面板中的空白位置处,在"工具栏"面板中点击"文字模板"按钮。

步骤 14 在弹出的"文字模板"面板中点击"片头标题"按钮,选择合适的文字模板。至此,本实例制作完成。

实例 72:制作文字跟踪人物效果

本实例首先使用"滤镜"工具制作画面背景;然后使用"文字"工具

扫一扫,看视频

135

制作文字，并使用"文字模板"工具制作文字效果；最后使用"跟踪"工具制作文字跟踪人物效果。

步骤 01 将 01.mp4 素材文件导入剪映。

步骤 02 选择视频文件，在"工具栏"面板中点击"滤镜"按钮。

步骤 03 在弹出的"滤镜"面板中点击"风景"按钮，选择"古都"滤镜，设置"滤镜强度"为 100。

步骤 04 点击"时间轴"面板中的空白位置，在"工具栏"面板中点击"文字"按钮。

步骤 05 将时间线滑动至起始位置，点击"新建文本"按钮。

步骤 06 在"文字栏"面板中输入合适的文字内容，执行"字体"→"热门"命令，选择合适的字体。

步骤 07 执行"文字模板"→"气泡"命令，选择合适的字体样式。

步骤 08 在"播放"面板中设置文字到合适的位置，设置文字图层的结束时间与视频的结束时间相同。在"工具栏"面板中点击"跟踪"按钮。

步骤 09 在"播放"面板中设置跟踪点为画面中人物的大小，接着在"跟踪"面板中点击"开始跟踪"按钮。

步骤 10 在"工具栏"面板中执行"音频"→"音乐"命令。

步骤 11 在弹出的"添加音乐"面板中点击"抖音"按钮。

步骤 12 在"抖音"面板中选择合适的音频文件，点击"使用"按钮。设置音频的结束时间与视频的结束时间相同。至此，本实例制作完成。

实例 73：制作综艺文字效果

本实例首先使用"贴纸"工具制作综艺文字的效果，并添加爱心与闪光效果丰富画面；然后使用"音频"工具为视频添加音乐。

扫一扫，看视频

步骤 01 将 01.mp4 素材文件导入剪映，在"工具栏"面板中点击"贴纸"按钮。

步骤 02 在弹出的面板中点击"热门"按钮，选择合适的贴纸。

步骤 03 在"播放"面板中设置贴纸到合适的大小，接着设置贴纸的结束时间与视频的结束时间相同。

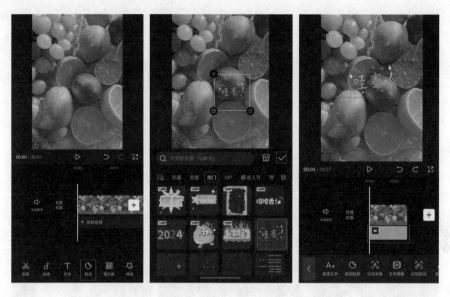

步骤 04 将时间线滑动至起始位置，在"工具栏"面板中点击"添加贴纸"按钮。

步骤 05 在弹出的"贴纸"面板中点击"爱心"按钮，选择合适的贴纸。

步骤 06 在"播放"面板中设置贴纸到合适的大小，接着设置贴纸的结束时间与视频的结束时间相同。

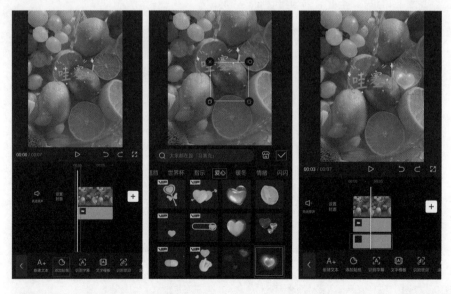

步骤 07 将时间线滑动至起始位置，在"工具栏"面板中点击"添加贴纸"按钮。

步骤 08 在弹出的"贴纸"面板中点击"闪闪"按钮，选择合适的贴纸。

步骤 09 在"播放"面板中设置贴纸到整个屏幕的大小，接着设置贴纸的结束时间与视频的结束时间相同。

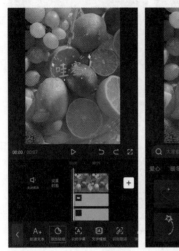

步骤 10 将时间线滑动至起始位置，在"工具栏"面板中执行"音频"→"音乐"命令。

步骤 11 在弹出的"添加音乐"面板中点击"美食"按钮，在"美食"面板中选择合适的音频文件，接着点击"使用"按钮。设置音频文件的结束时间与视频文件的结束时间相同。至此，本实例制作完成。

实例 74：制作画面涂鸦效果

本实例首先使用"涂鸦笔"工具绘制图案，丰富画面以制作手账画面效果；然后使用"音频"工具为视频添加音乐。

步骤 01 将 01.mp4 素材文件导入剪映，在"工具栏"面板中点击"文字"按钮。

步骤 02 将时间线滑动至起始位置,在"工具栏"面板中点击"涂鸦笔"按钮。

步骤 03 在弹出的面板中点击"素材笔"按钮，选择合适的素材，设置到合适的大小，点击画笔，在"播放"面板中围绕画面绘制一个图案。

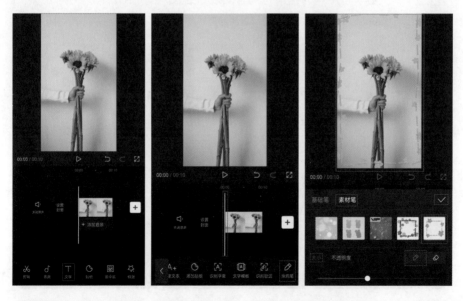

步骤 04 将时间线滑动至起始位置，在"工具栏"面板中点击"涂鸦笔"按钮。

步骤 05 在弹出的面板中点击"素材笔"按钮，选择合适的素材，设置到合适的大小，点击画笔，在"播放"面板的白色背景中绘制图案。

步骤 06 将时间线滑动至起始位置，在"工具栏"面板中点击"涂鸦笔"按钮。

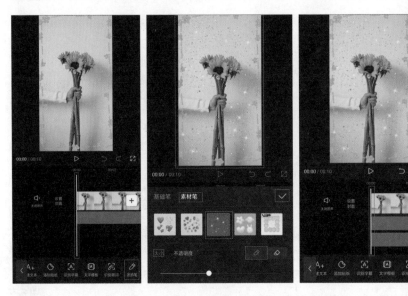

步骤 07 在弹出的面板中点击"素材笔"，选择合适的素材，设置到合适的大小，点击画笔，在"播放"面板中围绕花朵绘制图案。

步骤 08 设置所有涂鸦的结束时间与视频的结束时间相同。

步骤 09 选择红色爱心涂鸦，在"工具栏"面板中点击"跟踪"按钮。

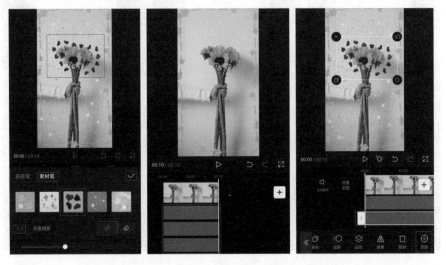

步骤 10 在"播放"面板中设置跟踪点到合适的位置，在"跟踪"面板中点击"开始跟踪"按钮。

步骤 11 将时间线滑动至起始位置，在"工具栏"面板中执行"音频"→"音乐"命令。

步骤 12 在弹出的"添加音乐"面板中点击"推荐音乐"按钮，选择合适的音频文件，接着点击"使用"按钮。设置音频文件的结束时间与视频文件的结束时间相同。至此，本实例制作完成。

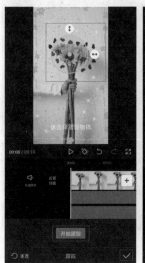

实例 75：制作唯美花朵文字效果

本实例首先使用"文字"工具创建文字并设置合适的文字样式与文字动画，使画面整体效果更加唯美；然后使用"音频"工具为视频添加音乐。

扫一扫，看视频

步骤 01 将 01.mp4 素材文件导入剪映，在"工具栏"面板中点击"文字"按钮。

步骤 02 将时间线滑动至起始位置，在"工具栏"面板中点击"新建文本"按钮。

步骤 03 在"文字"面板中输入合适的文字内容，执行"字体"→"热门"命令，选择合适的文字字体，接着在"播放"面板中将文字内容移动至合适的位置。

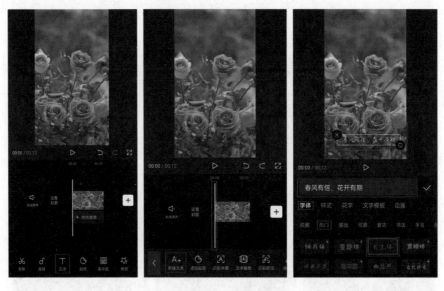

步骤 04 点击"样式"按钮，选择粉色底的文字样式，点击"文本"按钮，设置"字号"为15。

步骤 05 执行"动画"→"循环"按钮，选择"调皮"动画。

步骤 06 设置文字图层的结束时间与视频的结束时间相同。

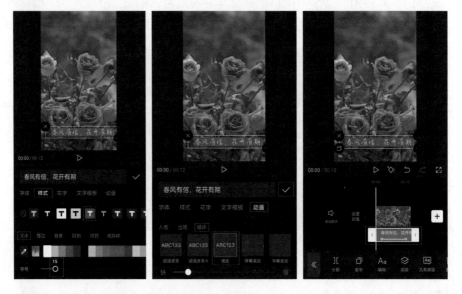

步骤 07 将时间线滑动至起始位置，在"工具栏"面板中执行"音频"→"音乐"命令。

步骤 08 在弹出的"添加音乐"面板中点击"环保"按钮，在"环保"面板中选择合适的音频文件，接着点击"使用"按钮。设置音频文件的结束时间与视频文件的结束时间相同。至此，本实例制作完成。

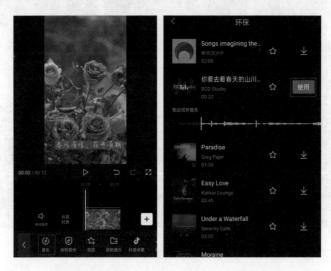

实例 76：制作文字漂浮效果

本实例首先使用"文字"工具创建文字并设置合适的文字样式，选择"甜甜圈"动画，制作文字漂浮旋转效果；然后使用"音频"工具为视频添加音乐。

扫一扫，看视频

步骤 01 将 01.mp4 素材文件导入剪映，在"工具栏"面板中点击"文字"按钮。

步骤 02 将时间线滑动至起始位置，在"工具栏"面板中点击"新建文本"按钮。

步骤 03 在"文字"面板中输入合适的文字内容，执行"字体"→"可爱"命令，选择合适的文字字体，接着在"播放"面板中将文字内容移动至合适的位置。

步骤 04 点击"样式"按钮，选择合适的文字样式。

步骤 05 点击"排列"按钮，设置"缩放"为60。

步骤 06 点击"动画"按钮，接着点击"循环"按钮，选择"甜甜圈"动画。

步骤 07 设置文字的持续时间与视频的持续时间相同。

步骤 08 将时间线滑动至起始位置，在"工具栏"面板中执行"音频"→"音乐"命令。

步骤 09 在弹出的"添加音乐"面板中点击"游戏"按钮，在"游戏"面板中选择合适的音频文件，接着点击"使用"按钮。设置音频文件的结束时间与视频文件的结束时间相同。至此，本实例制作完成。

实例 77：制作科技感文字效果

本实例首先使用"文字"工具创建文字，并设置竖排文字效果，从而制作科技感文字效果；然后使用"音频"工具为视频添加音乐。

步骤 01 将 01.mp4 素材文件导入剪映，在"工具栏"面板中点击"文字"按钮。

步骤 02 将时间线滑动至起始位置，点击"新建文本"按钮，接着在弹出的面板中输入合适的文字内容。执行"字体"→"创意"命令，选择合适的文字字体。

步骤 03 点击"样式"按钮，选择合适的文字样式。点击"文本"按钮，设置"字号"为 30。

步骤 04 点击"排列"按钮，选择竖排排列效果。

步骤 05 点击"粗斜体"按钮，选择下划线效果。

步骤 06 点击"动画"按钮，接着点击"入场"按钮，选择"故障"动画。

步骤 07 点击"出场"按钮，选择"故障打字机"动画。

步骤 08 设置文字的结束时间与视频的结束时间相同。

步骤 09 将时间线滑动至起始位置，在"工具栏"面板中执行"音频"→"音乐"命令。

步骤 10 在弹出的"添加音乐"面板中点击"动感"按钮,在"动感"面板中选择合适的音频文件,接着点击"使用"按钮。设置音频文件的结束时间与视频文件的结束时间相同。至此,本实例制作完成。

第 10 章

使用素材包

　　剪映中的素材包为用户提供了便捷途径，以添加完整且丰富的视频效果，用户可根据自身需求灵活选择并调整这些素材。然而，在使用时务必注意遵守版权和授权要求，确保所选素材包与视频内容及风格相契合，避免潜在的法律风险或视觉不协调。

■ 知识要点

　　为视频添加素材包
　　修改素材包参数

实例78：使用"素材包"制作美食视频（片头与美食部分）

本实例使用"素材包"工具为画面添加合适的文字与文字动画。

扫一扫，看视频

步骤 01 将01.jpg素材文件导入剪映。将时间线滑动至素材文件的结束位置，点击 ＋（添加）按钮。

步骤 02 在弹出的"素材"面板中执行"照片视频"→"照片"命令，选择剩余的02.jpg～04.jpg素材文件，接着点击"添加"按钮。导入成功后，在"播放"面板中设置02.jpg～04.jpg素材文件到合适的大小。

步骤 03 将时间线滑动至起始位置，在"工具栏"面板中点击"素材包"按钮。

步骤 04 在弹出的"素材包"面板中点击"美食"按钮，选择合适的素材包。

步骤 05 将时间线滑动至3秒位置处，点击"新增素材包"按钮。

步骤 06 在弹出的"素材包"面板中点击"美食"按钮，选择合适的素材包。

步骤 07 将时间线滑动至 6 秒位置处，点击"新增素材包"按钮。

步骤 08 在弹出的"素材包"面板中点击"美食"按钮，选择合适的素材包。

步骤 09 将时间线滑动至 9 秒位置处，点击"新增素材包"按钮。

步骤 10 在弹出的"素材包"面板中点击"美食"按钮，选择合适的素材包。

步骤 11 将时间线滑动至 12 秒 26 帧位置处，点击"新增素材包"按钮。

步骤 12 在弹出的"素材包"面板中点击"美食"按钮，选择合适的素材包。至此，本实例制作完成。

实例 79：使用"素材包"制作美食视频（片尾视频部分）

本实例首先使用"素材包"工具为画面添加合适的文字与文字动画；然后使用"文字"工具修改视频中的文字；最后使用"音乐"工具为视频添加音乐。

步骤 01 将时间线滑动至 12 秒 26 帧位置处，点击"新增素材包"按钮。

步骤 02 在弹出的"素材包"面板中点击"美食"按钮，选择合适的素材包。

步骤 03 选择刚刚添加的素材包，在"工具栏"面板中点击"打散"按钮。

步骤 04 在"工具栏"面板中点击"文字"按钮，选择"粤菜"，接着在"工具栏"面板中点击"删除"按钮。

步骤 05 点击"白斩鸡"文字轨道，在"工具栏"面板中点击"编辑"按钮。

步骤 06 在弹出的"文字栏"面板中修改文字为"百味食堂"。

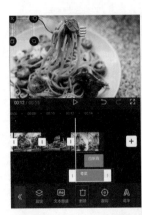

步骤 07 将时间线滑动至起始位置，在"工具栏"面板中执行"音频"→"音乐"命令。

步骤 08 在弹出的"添加音乐"面板中点击"美食"按钮，在"美食"面板中选择合适的音频文件，接着点击"使用"按钮。设置音频文件的结束时间与视频文件的结束时间相同。至此，本实例制作完成。

实例 80：使用"素材包"制作日常 Vlog（修剪视频部分）

本实例为所有素材文件设置合适的持续时间。

步骤 01 将 01.mp4 素材文件导入剪映。

步骤 02 设置 01.mp4 素材文件的结束时间为 3 秒，接着将时间线滑动至素材文件的结束位置，点击 ⊞（添加）按钮。

步骤 03 在弹出的"素材"面板中执行"照片视频"→"视频"命令，选择剩余的 02.mp4 ~ 04.mp4 素材文件，接着点击"添加"按钮。

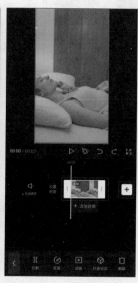

步骤 04 选择 02.mp4 素材文件，设置 02.mp4 素材文件的持续时间为 3 秒。

步骤 05 选择 03.mp4 素材文件，设置 03.mp4 素材文件的持续时间为 3 秒。

步骤 06 选择 04.mp4 素材文件，设置 04.mp4 素材文件的持续时间为 3 秒。

至此，本实例制作完成。

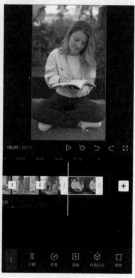

实例 81：使用"素材包"制作日常 Vlog（视频效果部分）

本实例首先使用"素材包"工具为画面添加合适的文字与其他动画；然后使用"音乐"工具为视频添加音乐。

步骤 01 将时间线滑动至起始位置，在"工具栏"面板中点击"素材包"按钮。

步骤 02 在弹出的"素材包"面板中点击 VLOG 按钮，选择合适的素材包。

步骤 03 将时间线滑动至 3 秒位置处，在"工具栏"面板中点击"新增素材包"按钮。

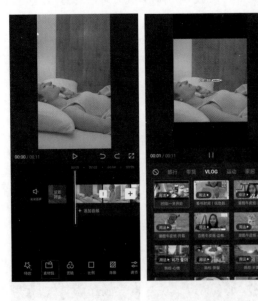

步骤 04 在弹出的"素材包"面板中点击 VLOG 按钮，选择合适的素材包。

步骤 05 将时间线滑动至 6 秒位置处，在"工具栏"面板中点击"新增素材包"按钮。

步骤 06 在弹出的"素材包"面板中点击 VLOG 按钮，选择合适的素材包。

步骤 07 将时间线滑动至 9 秒 11 帧位置处，在"工具栏"面板中点击"新增素材包"按钮。

步骤 08 在弹出的"素材包"面板中点击 VLOG 按钮，选择合适的素材包。

步骤 09 设置刚刚添加的素材包的结束时间与视频的结束时间相同。

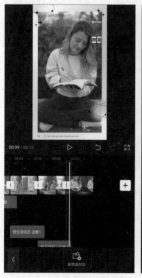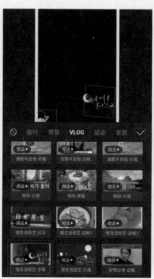

步骤 10 将时间线滑动至起始位置，在"工具栏"面板中执行"音频"→"音乐"命令。

步骤 11 在弹出的"添加音乐"面板中点击"舒缓"按钮，选择合适的音频文件，接着点击"使用"按钮。设置音频文件的结束时间与视频文件的结束时间相同。至此，本实例制作完成。

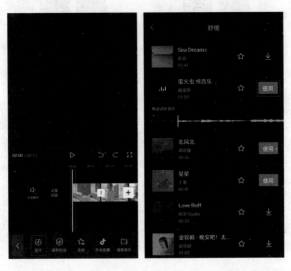

实例 82：使用"素材包"制作健身视频（修剪视频部分）

本实例首先为素材文件设置合适的持续时间；然后使用"转场"工具为视频制作过渡效果。

扫一扫，看视频

步骤 01 将 01.mp4 素材文件导入剪映。设置 01.mp4 素材文件的结束时间为 8 秒 7 帧，接着将时间线滑动至素材文件的结束位置，点击 ⊞（添加）按钮。

步骤 02 在弹出的"素材"面板中执行"照片视频"→"视频"命令，选择剩余的 02.mp4 ～ 04.mp4 素材文件，接着点击"添加"按钮。

步骤 03 选择 02.mp4 素材文件，设置 02.mp4 素材文件的持续时间为 7 秒。

步骤 04 点击 01.mp4 与 02.mp4 素材文件中间的 ⏑（转场）按钮。

步骤 05 在弹出的"转场"面板中点击"叠化"按钮，选择"云朵"转场。

步骤 06 点击 02.mp4 与 03.mp4 素材文件中间的 ⏑（转场）按钮。

步骤 07 在弹出的"转场"面板中点击"叠化"按钮，选择"云朵"转场。

步骤 08 点击 03.mp4 与 04.mp4 素材文件中间的 ⏑（转场）按钮。

步骤 09 在弹出的"转场"面板中点击"叠化"按钮，选择"云朵"转场。至此，本实例制作完成。

实例 83：使用"素材包"制作健身视频（视频效果部分）

本实例首先使用"素材包"工具为画面添加合适的文字与其他动画，制作运动健身视频效果；然后使用"音乐"工具为视频添加音乐。

步骤 01 将时间线滑动至起始位置，在"工具栏"面板中点击"素材包"按钮。

步骤 02 在弹出的"素材包"面板中点击"运动"按钮，选择合适的素材包。

步骤 03 将时间线滑动至 4 秒 10 帧位置处，在"工具栏"面板中点击"新增素材包"按钮。

步骤 04 在弹出的"素材包"面板中点击"运动"按钮，选择合适的素材包。

步骤 05 将时间线滑动至 18 秒 13 帧位置处，在"工具栏"面板中点击"新增素材包"按钮。

步骤 06 在弹出的"素材包"面板中点击"运动"按钮，选择合适的素材包。

步骤 07 选择刚刚添加的素材包，设置素材包的结束时间与视频的结束时间相同。

步骤 08 选择第1个素材包，在"工具栏"面板中点击"打散"按钮。

步骤 09 在"工具栏"面板中点击"文字"按钮，选择第1个文字图层，在"工具栏"面板中点击"编辑"按钮。

步骤 10 在弹出的面板中点击文字栏，输入合适的文字内容。

步骤 11 将时间线滑动至起始位置，在"工具栏"面板中执行"音频"→"音乐"命令。

步骤 12 在弹出的"添加音乐"面板中点击"舒缓"按钮，选择合适的音频文件，接着点击"使用"按钮。设置音频文件的结束时间与视频文件的结束时间相同。至此，本实例制作完成。

实例84：使用"素材包"制作美妆视频（修剪视频部分）

本实例为所有素材文件设置合适的持续时间。

扫一扫，看视频

步骤 01 将01.mp4素材文件导入剪映。

步骤 02 设置01.mp4素材文件的持续时间为3秒，接着将时间线滑动至素材文件的结束位置，点击 ＋（添加）按钮。

步骤 03 在弹出的"素材"面板中执行"照片视频"→"视频"命令，选择剩余的02.mp4～04.mp4素材文件，接着点击"添加"按钮。

步骤 04 选择 02.mp4 素材文件，设置 02.mp4 素材文件的持续时间为 3 秒。

步骤 05 选择 03.mp4 素材文件，设置 03.mp4 素材文件的持续时间为 3 秒。

步骤 06 选择 04.mp4 素材文件，设置 04.mp4 素材文件的持续时间为 3 秒。
至此，本实例制作完成。

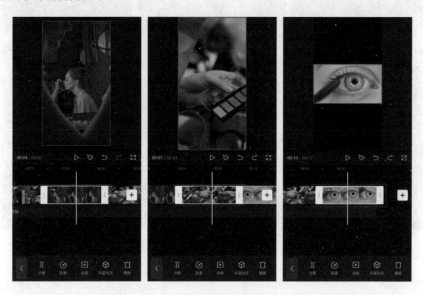

实例 85：使用"素材包"制作美妆视频（视频效果部分）

本实例首先为素材文件设置合适的持续时间；然后使用"素材包"工具为画面添加合适的文字与其他动画，制作美妆效果；最后使用"音乐"工具为视频添加音乐。

步骤 01 将时间线滑动至起始位置，在"工具栏"面板中点击"素材包"按钮。

步骤 02 在弹出的"素材包"面板中点击"美妆"按钮，选择合适的素材包。

步骤 03 将时间线滑动至 3 秒位置处，在"工具栏"面板中点击"新增素材包"按钮。

步骤 04 在弹出的"素材包"面板中点击"美妆"按钮，选择合适的素材包。

步骤 05 将时间线滑动至 6 秒位置处，在"工具栏"面板中点击"新增素材包"按钮。

步骤 06 在弹出的"素材包"面板中点击"美妆"按钮，选择合适的素材包。

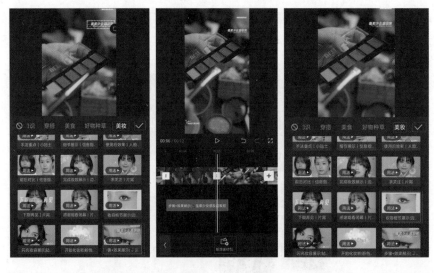

步骤 07 将时间线滑动至 9 秒位置处，在"工具栏"面板中点击"新增素材包"按钮。

步骤 08 在弹出的"素材包"面板中点击"美妆"按钮，选择合适的素材包。

步骤 09　将时间线滑动至 12 秒位置处，在"工具栏"面板中点击"新增素材包"按钮。

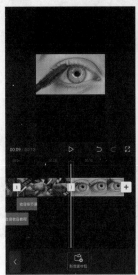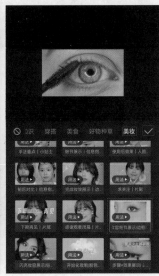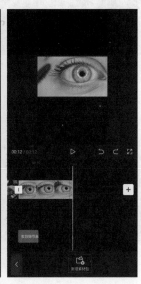

步骤 10　在弹出的"素材包"面板中点击"美妆"按钮，选择合适的素材包。

步骤 11　将时间线滑动至起始位置，在"工具栏"面板中执行"音频"→"音乐"命令。

步骤 12　在弹出的"添加音乐"面板中搜索 Desire，选择合适的音频文件，接着点击"使用"按钮。设置音频文件的结束时间与视频文件的结束时间相同。至此，本实例制作完成。

第 11 章

玩转动画

在剪映中，用户可以为素材添加动画效果，从而创作出更加生动的作品。需要注意的是，动画的节奏要与作品相符，这样才能创作出更有趣的视频。

■ 知识要点

为素材添加动画

实例86：制作线切割电影动画效果

本实例首先使用"动画"工具制作视频分割效果；然后使用"滤镜"工具制作电影感视频效果；最后使用"音乐"工具为视频添加音乐。

步骤 01 将01.mp4素材文件导入剪映。选择视频文件，在"工具栏"面板中点击"动画"按钮。

步骤 02 在"动画"面板中点击"组合动画"按钮，选择"三分割II"动画效果。

步骤 03 将时间线滑动至起始位置，在"工具栏"面板中点击"滤镜"按钮。

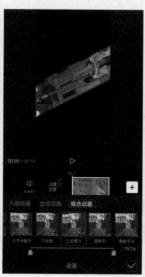

步骤 04 在弹出的"滤镜"面板中点击"影视级"按钮，选择"青橙"滤镜。

步骤 05 将时间线滑动至起始位置，在"工具栏"面板中执行"音频"→"音乐"命令。

步骤 06 在弹出的"添加音乐"面板中点击 VLOG 按钮，在 VLOG 面板中选择合适的音频文件，接着点击"使用"按钮。设置音频文件的结束时间与视频文件的结束时间相同。至此，本实例制作完成。

实例 87：制作翻转宠物动画效果

本实例首先使用"动画"工具制作四格卡片翻转成完整画面的动画效果；然后使用"文字模板"工具创建文字并制作文字动画；最后使用"音乐"工具为视频添加音乐。

扫一扫，看视频

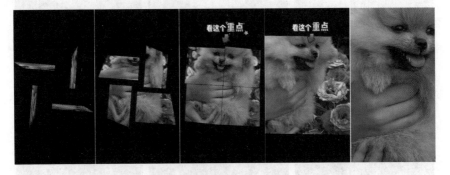

步骤 01 将 01.mp4 素材文件导入剪映。

步骤 02 选择视频文件，在"工具栏"面板中点击"动画"按钮。

步骤 03 在弹出的"动画"面板中点击"组合动画"按钮，选择"四格翻转 II"动画效果。

步骤 04 将时间线滑动至 16 帧位置处，在"工具栏"面板中执行"文字"→"文字模板"命令。

步骤 05 在弹出的"文字模板"面板中点击"综艺感"按钮，选择合适的文字模板。

步骤 06 在"播放"面板中将文字模板移动至合适的位置。

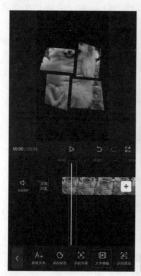

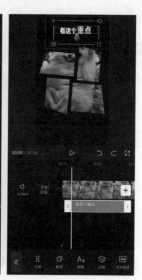

步骤 07 将时间线滑动至起始位置，在"工具栏"面板中执行"音频"→"音乐"命令。

步骤 08 在弹出的"添加音乐"面板中点击"萌宠"按钮，选择合适的音频文件，接着点击"使用"按钮。设置音频文件的结束时间与视频文件的结束时间相同。至此，本实例制作完成。

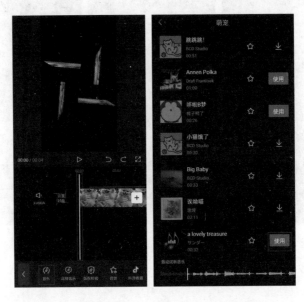

实例 88：制作手机广告效果

扫一扫，看视频

本实例首先使用"动画"工具制作手机广告；然后使用"背景"工具为画面制作视频背景；接着使用"文字模板"工具创建文字并制作文字动画；最后使用"音乐"工具为视频添加音乐。

步骤 01 将 01.mp4 素材文件导入剪映。

步骤 02 选择视频文件，在"工具栏"面板中点击"动画"按钮。

步骤 03 在弹出的"组合动画"面板中点击"手机Ⅲ"按钮。

步骤 04 在"工具栏"面板中点击"背景"按钮。

步骤 05 在弹出的面板中点击"画布模糊"按钮。

步骤 06 在弹出的"画布模糊"面板中选择第 2 个模糊强度。

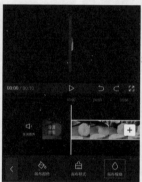

步骤 07 将时间线滑动至起始位置,在"工具栏"面板中执行"文字"→"文字模板"命令。

步骤 08 在弹出的"文字模板"面板中点击"情绪"按钮,选择合适的文字模板。

步骤 09 选择文字模板,在"播放"面板中将文字模板设置到合适的位置与大小。

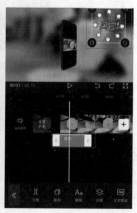

步骤 10 将时间线滑动至起始位置，在"工具栏"面板中执行"音频"→"音乐"命令。

步骤 11 在弹出的"添加音乐"面板中搜索 a thousand miles，选择合适的音频文件，接着点击"使用"按钮。设置音频文件的结束时间与视频文件的结束时间相同。至此，本实例制作完成。

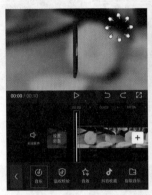

实例 89：制作照片抖动动画效果

扫一扫，看视频

本实例首先使用"动画"工具制作照片抖动效果；然后使用"音乐"工具为视频添加音乐并制作音频踩点效果；最后为素材文件设置合适的持续时间。

步骤 01 将所有素材文件导入剪映。

步骤 02 将时间线滑动至起始位置，在"工具栏"面板中执行"音频"→"音乐"命令。

步骤 03 在弹出的"添加音乐"面板中搜索 children folk Acoustic，选择合适的音频文件，接着点击"使用"按钮。

步骤 04 选择音频文件，在"工具栏"面板中点击"踩点"按钮。在弹出的"踩点"面板中开启"自动踩点"，点击"踩节拍I"按钮。

步骤 05 选择 01.jpg 素材文件，设置 01.jpg 素材文件的结束时间为第 2 个踩点位置处。在"工具栏"面板中点击"动画"按钮。

步骤 06 在弹出的"动画"面板中点击"入场动画"按钮，选择"上下抖动"动画。

步骤 07 选择 02.jpg 素材文件，设置 02.jpg 素材文件的结束时间为第 3 个踩点位置处。在"工具栏"面板中点击"动画"按钮。

步骤 08 在弹出的"动画"面板中点击"入场动画"按钮，选择"上下抖动"动画。

步骤 09 选择 03.jpg 素材文件，设置 03.jpg 素材文件的结束时间为第 4 个踩点位置处。在"工具栏"面板中点击"动画"按钮。

步骤 10 在弹出的"动画"面板中点击"入场动画"按钮，选择"上下抖动"动画。

步骤 11 选择 04.jpg 素材文件，设置 04.jpg 素材文件的结束时间与第 4 个踩点位置处。在"工具栏"面板中点击"动画"按钮。

步骤 12 在弹出的"动画"面板中点击"入场动画"按钮，选择"上下抖动"动画。至此，本实例制作完成。

实例 90：制作荧幕结束效果（荧幕效果部分）

本实例使用"关键帧"工具制作视频缩放与位移效果，从而制作出荧幕效果。

扫一扫，看视频

步骤 01 将 01.mp4 素材文件导入剪映。

步骤 02 将时间线滑动至 5 秒位置处，选择视频文件，在"工具栏"面板中点击"分割"按钮。

步骤 03 选择时间线后方的视频文件，在"工具栏"面板中点击"删除"按钮。

步骤 04 选择视频文件，将时间线滑动至起始位置，点击◇（添加关键帧）按钮。

步骤 05 将时间线滑动至 1 秒 20 帧位置处，在"播放"面板中将视频文件设置到合适的大小与位置。

步骤 06 将时间线滑动至 2 秒 02 帧位置处，在"工具栏"面板中执行"文字"→"新建文本"命令。

步骤 07 在弹出的面板中执行"字体"→"创意"命令，设置合适的字体样式，并在"播放"面板中将其设置到合适的位置。

步骤 08 执行"样式"→"文本"命令，设置"字号"为5，并在"播放"面板中将其设置到合适的位置。

步骤 09 选择文本，在"播放"面板中将其设置到合适的位置，将时间线滑动至2秒02帧位置处，点击 ◇（添加关键帧）按钮。

步骤 10 将时间线滑动至3秒01帧位置处，在"播放"面板中将文字设置到合适的位置。

步骤 11 将时间线滑动至4秒08帧位置处，在"播放"面板中将文字设置到合适的位置处。

步骤 12 将时间线滑动至4秒25帧位置处，在"播放"面板中将文字设置到合适的位置，并设置文字的结束时间与视频文件的结束时间相同。

步骤 13 在"工具栏"面板中执行"音频"→"音乐"命令。

步骤 14 在弹出的"添加音乐"面板中点击"抖音"按钮，在弹出的"抖音"面板中选择合适的音频文件，接着点击"使用"按钮。设置音频的结束时间与视频的结束时间相同。至此，本实例制作完成。

实例 91：制作荧幕结束效果（文字动画部分）

本实例首先使用"文字"工具创建文字；然后使用"关键帧"工具制作荧幕文字效果。

步骤 01 将时间线滑动至 2 秒 02 帧位置处，在"工具栏"面板中执行"文字"→"新建文本"命令。

步骤 02 在弹出的面板中执行"字体"→"创意"命令，设置合适的字体样式，并在"播放"面板中将其设置到合适的位置。

步骤 03 执行"样式"→"文本"命令，设置"字号"为 5，并在"播放"面板中将其设置到合适的位置。

步骤〔04〕 选择文本，在"播放"面板中将其设置到合适的位置，将时间线滑动至 2 秒 02 帧位置处，点击 ◇（添加关键帧）按钮。

步骤〔05〕 将时间线滑动至 3 秒 01 帧位置处，在"播放"面板中将文字设置到合适的位置。

步骤〔06〕 将时间线滑动至 4 秒 08 帧位置处，在"播放"面板中将文字设置到合适的位置。

步骤〔07〕 将时间线滑动至 4 秒 25 帧位置处，在"播放"面板中将文字设置到合适的位置。设置文字的结束时间与视频文件的结束时间相同。

步骤〔08〕 在"工具栏"面板中执行"音频"→"音乐"命令。

步骤〔09〕 在弹出的"添加音乐"面板中点击"抖音"按钮，在弹出的"抖音"面板中选择合适的音频文件，接着点击"使用"按钮。设置音频的结束时间与视频的结束时间相同。至此，本实例制作完成。

实例 92：制作科技擦除效果（片头部分）

本实例使用"文字"工具创建文字并制作文字效果，然后导出文字视频。

扫一扫，看视频

步骤 01 将 01.mp4 素材文件导入剪映。

步骤 02 将时间线滑动至起始位置，在"工具栏"面板中点击"文字"按钮。

步骤 03 点击"新建文本"按钮。

步骤 04 在弹出的面板中执行"字体"→"热门"命令，选择合适的文字字体，并输入合适的文字内容。

步骤 05 在"样式"面板中点击"文本"按钮，设置"字号"为 30。

步骤 06 设置文字的结束时间与视频的结束时间相同。

步骤 07 文字设置完成后，点击"导出"按钮。至此，本实例制作完成。

实例 93：制作科技擦除效果（科技动画部分）

本实例使用"滤镜""蒙版"与"关键帧"工具制作画面滑动变化的科技擦除效果。

步骤 01 新建一个项目，将 01.mp4 素材文件导入剪映，选择视频文件，将时间线滑动至 5 秒位置处，在"工具栏"面板中点击"分割"按钮，并使用"删除"工具删除后半部分。

步骤 02 将时间线滑动至起始位置，在"工具栏"面板中执行"画中画"→"新增画中画"命令。在弹出的面板中执行"照片视频"→"视频"命令，选择刚刚导出的视频素材，点击"添加"按钮。

步骤 03 选择刚刚添加的"画中画"视频文件，在"播放"面板中设置合适的大小，将时间线滑动至 5 秒位置处，在"工具栏"面板中点击"分割"按钮。

步骤 04 选择时间线后方的视频文件，在"工具栏"面板中点击"删除"按钮。

步骤 05 在"工具栏"面板中点击"滤镜"按钮。

步骤 06 在弹出的"滤镜"面板中点击"风格化"按钮，选择"赛博朋克"滤镜，设置"滤镜强度"为 100，接着点击 ☑（确定）按钮。

步骤 07 将时间线滑动至 2 秒 21 帧位置处，选择"画中画"视频文件，在"工具栏"面板中点击"分割"按钮。

步骤 08 将时间线滑动至起始位置，点击 ◇（添加关键帧）按钮，在"工具栏"面板中点击"蒙版"按钮。

步骤 09 在弹出的"蒙版"面板中选择"镜面"蒙版，在"播放"面板中设置蒙版到合适的位置，接着点击 ✓（确定）按钮。

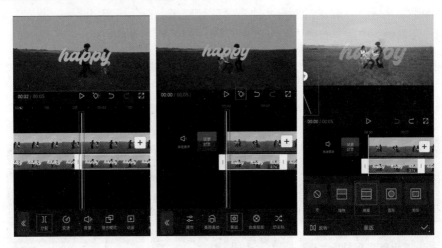

步骤 10 将时间线滑动至 2 秒 14 帧位置处，在"工具栏"面板中点击"蒙版"按钮。

步骤 11 在"播放"面板中设置蒙版到合适的位置，接着点击 ✓（确定）按钮。

步骤 12 将时间线滑动至 2 秒 21 帧位置处，选择时间线后方的视频文件，点击 ◇（添加关键帧）按钮，在"工具栏"面板中点击"蒙版"按钮。

步骤 13 在弹出的"蒙版"面板中选择"线性"蒙版，在"播放"面板中设置蒙版到合适的位置，接着点击 ✓（确定）按钮。

步骤 14 将时间线滑动至 3 秒 07 帧位置处，在"工具栏"面板中点击"蒙版"按钮。

步骤 15 在弹出的"蒙版"面板中选择"线性"蒙版，在"播放"面板中设置蒙版到合适的位置，接着点击 ✓（确定）按钮。

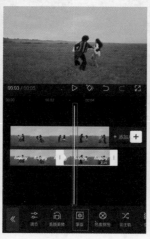

步骤 16 将时间线滑动至起始位置，在"工具栏"面板中执行"音频"→"音乐"命令。

步骤 17 在弹出的"添加音乐"面板中搜索 hello，选择合适的音频文件，接着点击"使用"按钮。设置音频文件的结束时间与视频文件的结束时间相同。至此，本实例制作完成。

第 12 章

添加转场

剪映中的"转场"功能可以在不同画面或视频片段之间进行切换或过渡，可以制作出流畅、自然或具有冲击力的画面切换效果，从而增强视频的吸引力和表现力。

■ 知识要点

转场效果

实例 94 : 制作美食视频模糊过渡效果

本实例首先使用"转场"工具制作美食视频模糊过渡的效果；然后使用"文字模板"工具创建文字并制作文字动画；最后使用"音乐"工具为视频添加音乐。

扫一扫，看视频

步骤 01 将 01.mp4 素材文件导入剪映，接着点击 ⊞（添加）按钮。

步骤 02 在弹出的"素材"面板中执行"照片视频"→"视频"命令，选择剩余的 02.mp4 ~ 04.mp4 素材文件。

步骤 03 点击 01.mp4 与 02.mp4 素材文件中间的 Ⅰ（转场）按钮。

步骤 04 在弹出的"转场"面板中点击"模糊"按钮，选择"模糊"转场。

步骤 05 点击 02.mp4 与 03.mp4 素材文件中间的 Ⅰ（转场）按钮。

步骤 06 在弹出的"转场"面板中点击"模糊"按钮,选择"亮点模糊"转场。

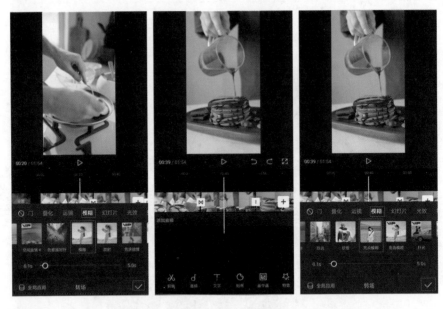

步骤 07 点击 03.mp4 与 04.mp4 素材文件中间的 ⬚ (转场)按钮。

步骤 08 在弹出的"转场"面板中点击"模糊"按钮,选择"粒子"转场。

步骤 09 将时间线滑动至起始位置,在"工具栏"面板中点击"文字模板"按钮。

步骤 10 在弹出的"文字模板"面板中点击"美食"按钮,选择合适的文字模板。

步骤 11 将时间线滑动至起始位置，在"工具栏"面板中执行"音频"→"音乐"命令。

步骤 12 在弹出的"添加音乐"面板中点击"美食"按钮，在"美食"面板中选择合适的音频文件，接着点击"使用"按钮。设置音频文件的结束时间与视频文件的结束时间相同。至此，本实例制作完成。

实例95：制作爱心转场效果

本实例首先为素材文件设置合适的持续时间；然后使用"转场"工具制作具有爱心氛围的效果；接着使用"音乐"工具为视频添加音乐；最后使用"素材包"工具为画面添加文字效果。

扫一扫，看视频

步骤 01 将01.mp4素材文件导入剪映。

步骤 02 选择视频文件，设置视频文件的持续时间为3秒。

步骤 03 点击 + （添加）按钮。

步骤 04 在弹出的"素材"面板中执行"照片视频"→"视频"命令，选择剩余的 02.mp4 与 03.mp4 素材文件。

步骤 05 选择 02.mp4 素材文件，设置 02.mp4 素材文件的持续时间为 3 秒。

步骤 06 选择 03.mp4 素材文件，设置 03.mp4 素材文件的持续时间为 3 秒。

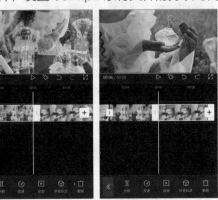

步骤 07 点击 01.mp4 与 02.mp4 素材文件中间的 ▯（转场）按钮。

步骤 08 在弹出的"转场"面板中点击"幻灯片"按钮，选择"爱心 II"转场，设置转场的持续时间为 1.0s。

步骤 09 点击 02.mp4 与 03.mp4 素材文件中间的 ▯（转场）按钮。

步骤 10 在弹出的"转场"面板中点击"幻灯片"按钮，选择"爱心"转场，设置转场的持续时间为1.0s。

步骤 11 将时间线滑动至起始位置，在"工具栏"面板中点击"素材包"按钮。

步骤 12 在弹出的"素材包"面板中点击"片头"按钮，选择合适的素材包。

步骤 13 将时间线滑动至起始位置，在"工具栏"面板中执行"音频"→"音乐"命令。

步骤 14 在弹出的"添加音乐"面板中搜索"星星"，选择合适的音频文件，接着点击"使用"按钮。设置音频文件的结束时间与视频文件的结束时间相同。至此，本实例制作完成。

实例96：制作无限穿越转场效果

本实例首先为素材文件设置合适的持续时间；然后使用"转场"工具制作无限穿越的视频穿梭转场效果；接着使用"文字模板"工具创建文字并制作文字动画；最后使用"音乐"工具为视频添加音乐。

扫一扫，看视频

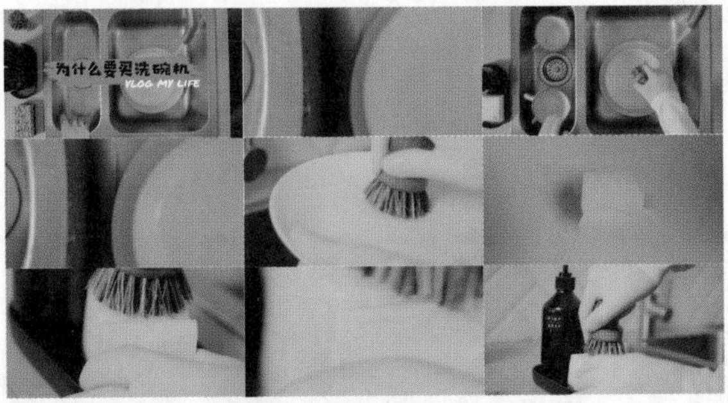

步骤 01 将 01.mp4 素材文件导入剪映。

步骤 02 选择视频文件，设置视频文件的持续时间为 5 秒，接着将时间线滑动至 5 秒位置处，点击 [+]（添加）按钮。

步骤 03 在弹出的“素材”面板中执行“照片视频”→“视频”命令，选择剩余的 02.mp4 ~ 0.5mp4 素材文件。

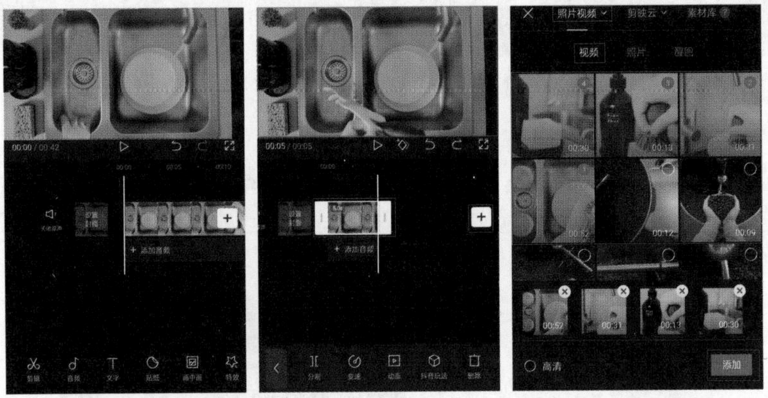

步骤 04 选择 02.mp4 素材文件，设置 02.mp4 素材文件的持续时间为 5 秒。

步骤 05 选择 03.mp4 素材文件，设置 03.mp4 素材文件的持续时间为 5 秒，接着使用同样的方法设置剩余视频文件的持续时间为 5 秒，并在“播放”面板中将其设置到合适的大小与位置。

步骤 06 点击 01.mp4 与 02.mp4 素材文件中间的 [I]（转场）按钮。

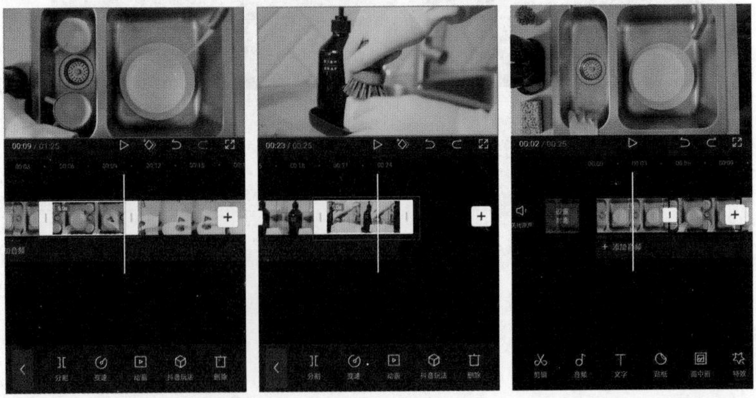

步骤 07 在弹出的"转场"面板中点击"运镜"按钮,选择"无限穿越 II"转场,设置转场的持续时间为1.5s。

步骤 08 点击02.mp4与03.mp4素材文件中间的⚹(转场)按钮。

步骤 09 在弹出的"转场"面板中点击"运镜"按钮,选择"无限穿越 II"转场,设置转场的持续时间为1.1s。

步骤 10 点击03.mp4与04.mp4素材文件中间的⚹(转场)按钮,在弹出的"转场"面板中点击"运镜"按钮,选择"无限穿越 II"转场,设置转场的持续时间为1.2s。

步骤 11 点击04.mp4与05.mp4素材文件中间的⚹(转场)按钮,在弹出的"转场"面板中点击"运镜"按钮,选择"无限穿越 II"转场,设置转场的持续时间为1.2s。

步骤 12 将时间线滑动至起始位置,在"工具栏"面板中执行"文字"→"文字模板"命令。

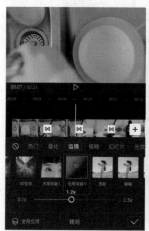

步骤 13 在弹出的"文字模板"面板中点击"片头标题"按钮，选择合适的文字模板。

步骤 14 将时间线滑动至起始位置，在"工具栏"面板中执行"音频"→"音乐"命令。

步骤 15 在弹出的"添加音乐"面板中搜索 we found love，选择合适的音频文件，接着点击"使用"按钮。设置音频文件的结束时间与视频文件的结束时间相同。至此，本实例制作完成。

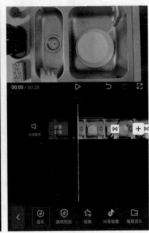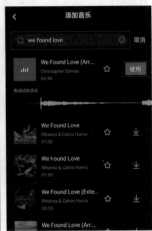

实例 97：制作回忆过渡视频效果

扫一扫，看视频

本实例首先为素材文件设置合适的持续时间；然后使用"转场"工具制作回忆过渡视频效果；接着使用"素材包"工具创建文字；最后使用"音乐"工具为视频添加音乐。

步骤 01 将 01.mp4 素材文件导入剪映。

步骤 02 选择视频文件，设置视频文件的持续时间为 3 秒，接着点击 ⊞（添加）按钮。

步骤 03 在弹出的"素材"面板中执行"照片视频"→"视频"命令，选择剩余的 02.mp4 ～ 04.mp4 素材文件。

步骤 04 选择 02.mp4 素材文件，设置 02.mp4 素材文件的持续时间为 3 秒。
步骤 05 选择 03.mp4 素材文件，设置 03.mp4 素材文件的持续时间为 3 秒。
步骤 06 选择 04.mp4 素材文件，设置 04.mp4 素材文件的持续时间为 3 秒。

步骤 07 点击 01.mp4 与 02.mp4 素材文件中间的 ▯（转场）按钮。
步骤 08 在弹出的"转场"面板中点击"扭曲"按钮，选择"回忆 II"转场。
步骤 09 点击 02.mp4 与 03.mp4 素材文件中间的 ▯（转场）按钮。

步骤 10 在弹出的"转场"面板中点击"扭曲"按钮,选择"回忆"转场。

步骤 11 点击 03.mp4 与 04.mp4 素材文件中间的 ⯐（转场）按钮,在弹出的"转场"面板中点击"扭曲"按钮,选择"回忆"转场。

步骤 12 将时间线滑动至起始位置,在"工具栏"面板中执行"音频"→"音乐"命令。

步骤 13 在弹出的"添加音乐"面板中点击 VLOG 按钮,在 VLOG 面板中选择合适的音频文件,接着点击"使用"按钮。设置音频文件的结束时间与视频文件的结束时间相同。

步骤 14 将时间线滑动至起始位置,在"工具栏"面板中点击"素材包"按钮。

步骤 15 在弹出的"旅行"面板中选择合适的素材包。至此,本实例制作完成。

实例 98：制作穿梭转场效果（剪辑部分）

本实例为素材文件设置合适的持续时间。

扫一扫，看视频

步骤 01 将 01.mp4 素材文件导入剪映。

步骤 02 选择视频文件，设置视频文件的持续时间为 4 秒。

步骤 03 将时间线滑动至素材文件的结束位置，点击 + （添加）按钮。

步骤 04 在弹出的"素材"面板中执行"照片视频"→"视频"命令，选择剩余的 02.mp4 ～ 05.mp4 素材文件。

步骤 05 选择 02.mp4 素材文件，设置 02.mp4 素材文件的持续时间为 4 秒。

步骤 06 选择 03.mp4 素材文件，设置 03.mp4 素材文件的持续时间为 4 秒。

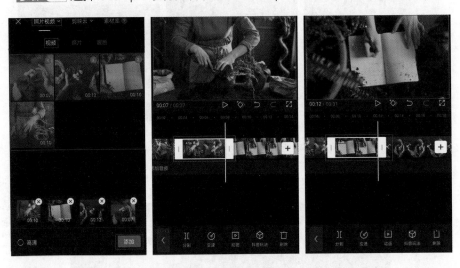

步骤 07 选择 04.mp4 素材文件，设置 04.mp4 素材文件的持续时间为 4 秒。

步骤 08 选择 05.mp4 素材文件，设置 05.mp4 素材文件的持续时间为 4 秒。至此，本实例制作完成。

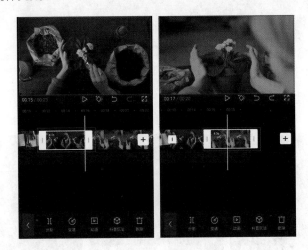

实例 99：制作穿梭转场效果（转场部分）

本实例使用"转场"工具制作视频穿梭转场效果；接着使用"文字模板"创建文字；最后使用"音乐"工具为视频添加音乐。

步骤 01 点击 01.mp4 与 02.mp4 素材文件中间的 |I| (转场) 按钮。

步骤 02 在弹出的 "转场" 面板中点击 "运镜" 按钮，选择 "推近" 转场。

步骤 03 点击 02.mp4 与 03.mp4 素材文件中间的 |I| (转场) 按钮，在弹出的 "转场" 面板中点击 "运镜" 按钮，选择 "拉远" 转场。

步骤 04 点击 03.mp4 与 04.mp4 素材文件中间的 |I| (转场) 按钮，在弹出的 "转场" 面板中点击 "运镜" 按钮，选择 "推近" 转场。

步骤 05 点击 04.mp4 与 05.mp4 素材文件中间的 |I| (转场) 按钮，在弹出的 "转场" 面板中点击 "运镜" 按钮，选择 "拉远" 转场。

步骤 06 将时间线滑动至起始位置，在 "工具栏" 面板中执行 "文字" → "文字模板" 命令。

步骤 07 在弹出的"文字模板"面板中点击"片头标题"按钮,选择合适的文字模板。

步骤 08 将时间线滑动至起始位置,在"工具栏"面板中执行"音频"→"音乐"命令。

步骤 09 在弹出的"添加音乐"面板中点击"舒缓"按钮,在"舒缓"面板中选择合适的音频文件,接着点击"使用"按钮。设置音频文件的结束时间与视频文件的结束时间相同。至此,本实例制作完成。

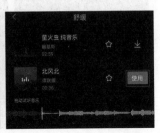

第 13 章

添加与编辑音频

在视频中添加背景音乐或音效，可以增强视频的氛围感。通过选择合适的音乐或音效，可以让观众更加深切地感受到视频中表达的情感。剪映中的"音频"功能包括多种不同的音乐和音效库，可以选择不同类型的音乐或音效匹配自己的视频内容。

■ **知识要点**

为视频添加背景音乐

为视频添加音效

实例100：为视频添加悬疑音效

本实例首先使用"特效"工具制作悬疑画面效果；然后使用"音乐"与"音效"工具为视频添加音乐。

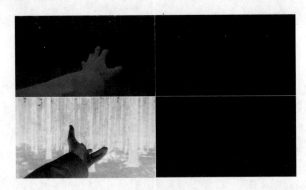

扫一扫，看视频

步骤01 将01.mp4素材文件导入剪映，在"工具栏"面板中点击"特效"按钮。

步骤02 将时间线滑动至起始位置，在"工具栏"面板中点击"画面特效"按钮。

步骤03 在"特效"面板中点击"暗黑"按钮，选择"负片频闪"特效。

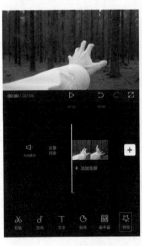
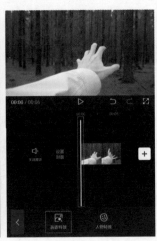

步骤04 设置特效的结束时间与视频的结束时间相同。

步骤05 将时间线滑动至起始位置，在"工具栏"面板中执行"音频"→"音乐"命令。

步骤06 在弹出的"添加音乐"面板中点击"悬疑"按钮，在"悬疑"面板中选择合适的音频文件，接着点击"使用"按钮。设置音频文件的结束时间与视频文件的结束时间相同。

 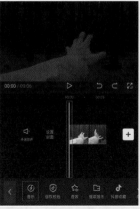 

步骤 07 将时间线滑动至 25 帧位置处，在"工具栏"面板中点击"音效"按钮。

步骤 08 在弹出的面板中点击"悬疑"按钮，选择合适的音效，点击"使用"按钮。

步骤 09 将时间线滑动至 25 帧位置处，在"工具栏"面板中点击"音效"按钮。

步骤 10 在弹出的面板中点击"悬疑"按钮，选择合适的音效，点击"使用"按钮。

步骤 11 设置所有音效的结束时间与视频文件的结束时间相同。至此，本实例制作完成。

实例101：为视频添加搞笑变声音效

扫一扫，看视频

本实例首先使用"文字模板"工具创建文字并制作文字动画；然后制作文字朗读效果；最后使用"变声"与"变速"工具制作搞笑变声音效。

步骤 01 将01.mp4素材文件导入剪映，在"时间轴"面板中选择视频文件。

步骤 02 将时间线滑动至7秒位置处，在"工具栏"面板中点击"分割"按钮。选择时间线前方的视频文件并点击"删除"按钮。

步骤 03 将时间线滑动至1秒26帧位置处，在"工具栏"面板中执行"文字"→"文字模板"命令。

步骤 04 在"文字模板"面板中点击"综艺情绪"按钮，选择合适的文字模板。

步骤 05 在"文字栏"面板中修改合适的文字内容，接着点击 ⬆ （切换下一层）按钮。

步骤 06 在"文字栏"面板中修改合适的文字内容，在"播放"面板中将其设置到合适的位置与大小。

步骤 07 设置文字模板的结束时间为 6 秒 05 帧，在"工具栏"面板中点击"文本朗读"按钮。

步骤 08 在弹出的"音色选择"面板中点击"特色方言"按钮，选择任意一款音色。

步骤 09 选择刚刚朗读的音频文件，在"工具栏"面板中点击"变声"按钮。

步骤 10 在弹出的"变声"面板中点击"搞笑"按钮，选择"机器人"变声效果。

步骤 11 点击"变速"按钮。

步骤 12 在弹出的"变速"面板中设置"速率"为0.4x。

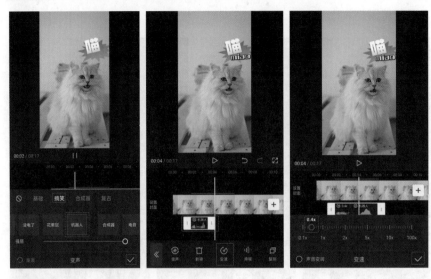

步骤 13 将时间线滑动至起始位置，在"工具栏"面板中执行"音频"→"音乐"命令。

步骤 14 在弹出的"添加音乐"面板中点击"萌宠"按钮，在"萌宠"面板中选择合适的音频文件，接着点击"使用"按钮。设置音频文件的结束时间与视频文件的结束时间相同。至此，本实例制作完成。

实例102：制作文艺视频

本实例首先使用"录音"工具录制合适的音频文件；然后使用"识别字幕"工具创建文字并制作文字效果。

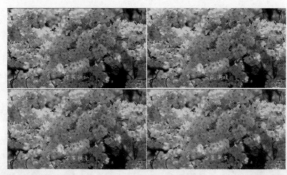

扫一扫，看视频

步骤 01 将 01.mp4 素材文件导入剪映，在"时间轴"面板中选择视频文件。

步骤 02 设置视频文件的结束时间为 7 秒 25 帧。

步骤 03 将时间线滑动至起始位置，在"工具栏"面板中执行"音频"→"录音"命令。

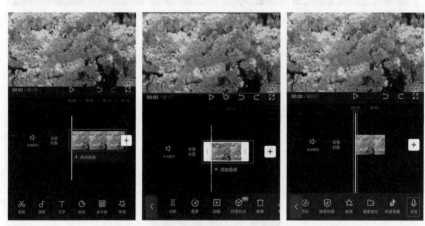

步骤 04 在弹出的面板中点击"录音"按钮并录制合适的内容。

步骤 05 此时录音的音频文件已完成。

步骤 06 在"工具栏"面板中执行"文字"→"识别字幕"命令。

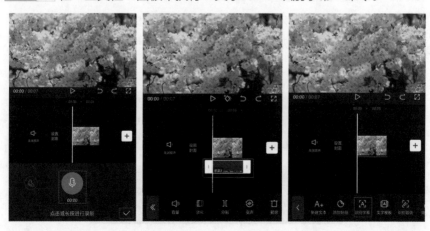

步骤 07 在弹出的"识别字幕"面板中点击"仅录音"按钮,点击"开始匹配"按钮。

步骤 08 选择刚刚识别的文字,在"工具栏"面板中点击"编辑"按钮。

步骤 09 在弹出的面板中执行"字体"→"手写"命令,选择合适的文字字体。

步骤 10 点击"样式"按钮,取消文字样式,点击"文本"按钮,选择合适的颜色,设置"字号"为11。至此,本实例制作完成。

实例 103 : 制作音频淡入 / 淡出效果

扫一扫,看视频

本实例首先使用"识别字幕"工具创建文字并制作文字效果;然后使用"音乐"工具添加音频文件;最后使用"淡化"工具制作音频淡入 / 淡出的柔和效果。

步骤 01 将 01.mp4 素材文件导入剪映，在"工具栏"面板中点击"文字"按钮。

步骤 02 将时间线滑动至起始位置，在"工具栏"面板中点击"文字模板"按钮。

步骤 03 在"文字模板"面板中点击"旅行"按钮，选择合适的文字模板。

步骤 04 将时间线滑动至起始位置，在"工具栏"面板中执行"音频"→"音乐"命令。

步骤 05 在弹出的"添加音乐"面板中点击"流行"按钮，在"流行"面板中选择合适的音频文件，接着点击"使用"按钮。设置音频文件的结束时间与视频文件的结束时间相同。

步骤 06 选择音频文件，在"工具栏"面板中点击"淡化"按钮。

步骤 07 在弹出的"淡化"面板中设置"淡入时长"为 1.3s。

步骤 08 设置"淡出时长"为 1.5s。至此，本实例制作完成。

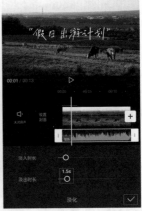

实例 104：制作黑胶唱片效果

　　本实例首先使用"特效"工具制作画面 DV 播放效果；然后使用"音乐"工具为视频添加音频文件；最后使用"变声"工具制作黑胶唱片效果。

扫一扫，看视频

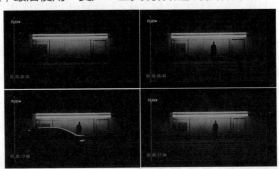

步骤 01 将 01.mp4 素材文件导入剪映，在"工具栏"面板中点击"特效"按钮。

步骤 02 将时间线滑动至起始位置，在"工具栏"面板中点击"画面特效"按钮。

步骤 03 在弹出的面板中点击 DV 按钮，选择"老式 DV"特效。

步骤 04 设置特效的结束时间与视频的结束时间相同。

步骤 05 将时间线滑动至起始位置，在"工具栏"面板中执行"音频"→"音乐"命令。

步骤 06 在弹出的"添加音乐"面板中搜索"变废为宝"，选择合适的音频文件，接着点击"使用"按钮。设置音频文件的结束时间与视频文件的结束时间相同。

步骤 07 选择音频文件，在"工具栏"面板中点击"变声"按钮。

步骤 08 在弹出的"变声"面板中点击"复古"按钮，选择"黑胶"变声效果。至此，本实例制作完成。

实例 105：制作音频变速效果（添加音乐部分）

本实例首先使用"变速"工具制作视频变速效果；然后使用"音乐"工具为视频添加音频文件。

扫一扫，看视频

步骤 01 将01.mp4素材文件导入剪映，在"工具栏"面板中点击"剪辑"按钮。

步骤 02 将时间线滑动至起始位置，在"工具栏"面板中点击"变速"按钮。

步骤 03 点击"曲线变速"按钮。

步骤 04 在弹出的"曲线变速"面板中选择"蒙太奇"变速效果。

步骤 05 将时间线滑动至起始位置，在"工具栏"面板中执行"音频"→"音乐"命令。

步骤 06 在弹出的"添加音乐"面板中点击"旅行"按钮，在"旅行"面板中选择合适的音频文件，接着点击"使用"按钮。至此，本实例制作完成。

实例 106：制作音频变速效果（视频变速部分）

本实例首先使用"素材包"工具创建文字并制作文字效果；然后使用"分割"与"变速"工具根据音频变速制作出视频变速效果。

步骤 01 将时间线滑动至 2 秒 04 帧位置处，选择音频文件，点击"分割"按钮。

步骤 02 选择时间线后方的视频文件，在"工具栏"面板中点击"变速"按钮。

步骤 03 在弹出的"变速"面板中设置"速率"为 2.0x。

步骤 04 将时间线滑动至 4 秒 02 帧位置处，选择音频文件，点击"分割"按钮。

步骤 05 选择时间线后方的视频文件，在"工具栏"面板中点击"变速"按钮。

步骤 06 在弹出的"变速"面板中设置"速率"为 0.5x。

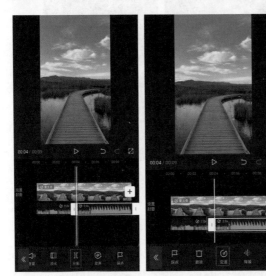

步骤 07 将时间线滑动至 6 秒 25 帧位置处，选择音频文件，点击"分割"按钮。

步骤 08 选择时间线后方的视频文件，在"工具栏"面板中点击"变速"按钮。

步骤 09 在弹出的"变速"面板中设置"速率"为 1.0x。

步骤 10 设置添加的音频文件的结束时间与视频文件的结束时间相同。

步骤 11 将时间线滑动至 1 秒 26 帧位置处，在"工具栏"面板中执行"音频"→"音效"命令。

步骤 12 在弹出的面板中搜索"加速"，选择合适的音效，接着点击"使用"按钮。

步骤 13 将时间线滑动至3秒21帧位置处，在"工具栏"面板中点击"音效"按钮。

步骤 14 在弹出的面板中搜索"减速"，选择合适的音效，接着点击"使用"按钮。

步骤 15 将时间线滑动至起始位置，在"工具栏"面板中点击"素材包"按钮。

步骤 16 接着点击"新增素材包"工具。

步骤 17 在弹出的面板中点击"片头"按钮，选择合适的素材包。至此，本实例制作完成。

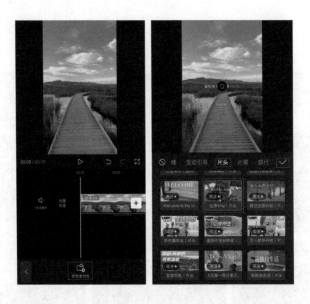

实例 107：制作卡点变色效果（卡点部分）

　　本实例首先添加音频文件并使用"踩点"工具根据音乐节奏制作音频踩点效果；然后使用"变速"工具制作视频忽快忽慢的效果。

扫一扫，看视频

　　步骤 01 将 01.mp4 素材文件导入剪映。将时间线滑动至起始位置，在"工具栏"面板中执行"音频"→"音乐"命令。

　　步骤 02 在弹出的"添加音乐"面板中点击"卡点"按钮，在"卡点"面板中选择合适的音频文件，接着点击"使用"按钮。

　　步骤 03 选择音频文件，在"工具栏"面板中点击"踩点"按钮。

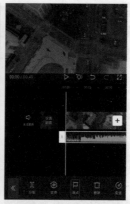

步骤 04 在弹出的"踩点"面板中开启"自动踩点"，点击"踩节拍Ⅱ"按钮。

步骤 05 选择视频文件，在"工具栏"面板中点击"变速"按钮。

步骤 06 在弹出的面板中点击"常规变速"按钮。

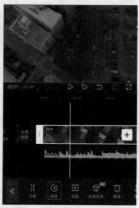

步骤 07 在弹出的"变速"面板中设置"速率"为3.0x。

步骤 08 将时间线滑动至音频的第3个踩点位置处，在"工具栏"面板中点击"分割"按钮。

步骤 09 选择时间线后方的素材文件，在"工具栏"面板中点击"变速"按钮。

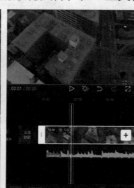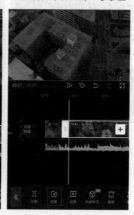

步骤 **10** 在弹出的面板中点击"常规变速"按钮。

步骤 **11** 在弹出的"变速"面板中设置"速率"为 0.3x。

步骤 **12** 将时间线滑动至音频的第 5 个踩点位置处，在"工具栏"面板中点击"分割"按钮。

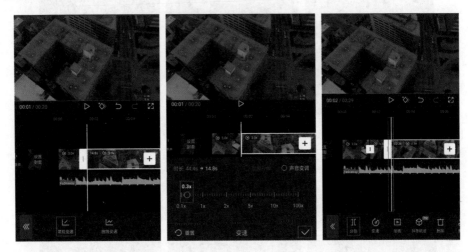

步骤 **13** 选择时间线后方的素材文件，在"工具栏"面板中点击"变速"按钮。

步骤 **14** 点击"常规变速"按钮，在弹出的"变速"面板中设置"速率"为 3.0x。

步骤 **15** 将时间线滑动至音频的第 7 个踩点位置处，在"工具栏"面板中点击"分割"按钮。选择时间线后方的素材文件，在"工具栏"面板中点击"变速"按钮。

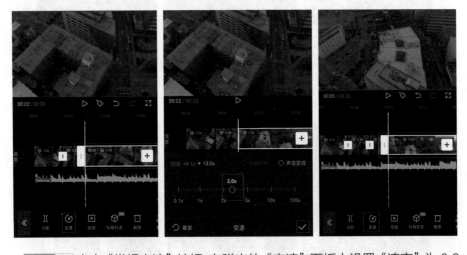

步骤 **16** 点击"常规变速"按钮，在弹出的"变速"面板中设置"速率"为 0.3x。

步骤 **17** 使用同样的方法设置视频的时长为 2 个踩点，并制作 3.0x 与 0.3x 间隔的变速效果。设置踩点视频的结束时间与音频的结束时间相同。至此，本实例制作完成。

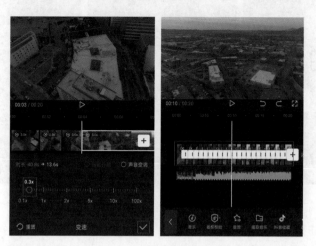

实例 108：制作卡点变色效果（变色效果部分）

本实例首先使用"滤镜"工具更改画面颜色使画面更具动感；然后使用"贴纸"工具丰富视频画面。

步骤 01 选择第 1 个 0.3x 倍速的视频文件，在"工具栏"面板中点击"滤镜"按钮。

步骤 02 在弹出的"滤镜"面板中点击"黑白"按钮，选择"黑金"滤镜，设置"滤镜强度"为 100。

步骤 03 选择第 2 个 0.3x 倍速的视频文件，在"工具栏"面板中点击"滤镜"按钮。

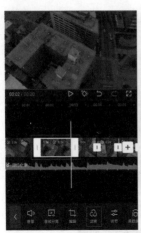

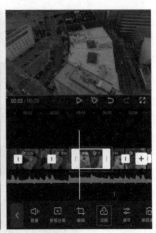

步骤 04 在弹出的"滤镜"面板中点击"黑白"按钮，选择"黑金"滤镜，设置"滤镜强度"为100。

步骤 05 选择第 3 个 0.3x 倍速的视频文件，在"工具栏"面板中点击"滤镜"按钮。

步骤 06 在弹出的"滤镜"面板中点击"黑白"按钮，选择"黑金"滤镜，设置"滤镜强度"为100。使用同样的方法为剩余的 0.3x 倍速的视频文件添加"黑金"滤镜并设置"滤镜强度"为100。

步骤 07 将时间线滑动至起始位置，在"工具栏"面板中点击"贴纸"按钮。

步骤 08 在弹出的"贴纸"面板中点击"电影感"按钮，选择合适的贴纸，在"播放"面板中将其设置到合适的大小。

步骤 09 选择贴纸，在"工具栏"面板中点击"动画"按钮。

步骤 **10** 在弹出的"贴纸动画"面板中点击"入场动画"按钮，选择"弹入"动画，设置"动画时长"为1.0s。至此，本实例制作完成。